U0224562

高 等 学 校 教 材

水 资 源 管 理

华北水利水电学院北京研究生部 赵宝璋 主编

内 容 简 介

本教材共有八章，第一、二章介绍世界和我国水资源概况及水资源管理的内容、任务和体制；第三章阐述地表水及地下水资源量估算方法；第四章介绍水资源合理调配及优化方法；第五章阐述工、农业用水，城镇居民用水等合理利用及节水方法；第六章介绍水质标准及污染控制和处理方法；第七章介绍洪涝及泥沙危害的防治措施；第八章介绍我国水法。

本教材供水利水电类水资源管理工程专业教学使用，也可作为培训和继续教育的教材，还可供从事水利水电管理工作人员研究和参考。

图书在版编目（CIP）数据

水资源管理/赵宝璋主编．—北京：中国水利水电出版社，1994（2017.10重印）
高等学校教材
ISBN 978-7-80124-359-1

Ⅰ．水…　Ⅱ．赵…　Ⅲ．水资源管理-高等学校-教材
Ⅳ．TV213.4

中国版本图书馆CIP数据核字（2008）第068491号

高 等 学 校 教 材
水 资 源 管 理
华北水利水电学院北京研究生部　赵志璋　主编
*
中国水利水电出版社（原水利电力出版社）出版、发行
（北京市海淀区玉渊潭南路1号D座　100038）
网址：www.waterpub.com.cn
E-mail：sales@waterpub.com.cn
电话：（010）68367658（营销中心）
北京科水图书销售中心（零售）
电话：（010）88383994、63202643、68545874
全国各地新华书店和相关出版物销售网点经售
北京市密东印刷有限公司印刷
*
184mm×260mm　16开本　8印张　190千字
1994年6月第1版　2017年10月第8次印刷
印数13141—16140册
ISBN 978-7-80124-359-1
（原ISBN 7-120-02006-4/TV・743）
定价 **16.00** 元

前　　言

水资源是人类社会生存和发展不可缺少和不可替代的重要资源。自50年代以来，社会生产力有了巨大的发展，人口激增，世界用水需求急剧增长。但地球上可用的淡水资源是有限的，且在时空上分布不均，再加以大量江河水资源不断受到污染，不少国家已在不同程度发生了水资源危机。

我国自80年代实行经济改革开放政策以来，随着工农业迅速的发展和人口的增加，水的供需矛盾也日益突出，很多地方，特别是北方沿海地区水资源已成为当地经济发展的制约因素。因此，在我国必须对水资源的开发利用，规划布局，水资源保护以及经营管理各个方面，按照国家制定的政策和法规，进行统一的、系统的科学化管理，使我国有限的水资源得到有效的、合理的利用，不致浪费，以满足我国经济发展的需要。

本教材是为我国水利水电类高等学校培养水资源管理类工程技术人才编写的，同时可供水利部门进行培训和继续教育使用。

本教材是根据水利部《1990～1995年高等学校水利水电类专业本科、研究生教材选题和编审出版规划》，明确了教材编写任务和要求，集体讨论和拟定了“水资源管理”课程的教学大纲和内容后分工编写的。参加编写的有：华北水利水电学院北京研究生部赵宝璋（第一、二、六、八章），朱尧洲（第五章），李长信（第三章）和北京动力经济学院李存斌（第四、七章）。全书由赵宝璋主编，河海大学俞多芬主审，感谢她为本书编写提供了大量宝贵资料。

由于编者水平限制，书中定有缺点和不足之外，恳请读者批评指正。

编者

1993年9月

目　　录

第一章 绪　　论

第一节 世界水资源概况

一、世界水资源总量

水资源通常指的是淡水水源，是较容易被人类利用，而且是可以逐年恢复的淡水水源。三分之二地球表面上占总水量95%以上的海洋里的海水；千年不溶化的地球两极的冰山、冰川、积雪；以及埋藏于深层地下需要千百年才能得到补充和恢复的深层地下水，都不能算作水资源，因为它们都不能很方便地被人类直接利用。根据上述定义，地球上的水资源非常有限，占地球总水量的还不足0.5%，就是依靠这个极为有限的淡水资源，维持着人类生存和支撑世界各国的经济发展。不仅人类的生活和各项生产活动离不开水，同时水又是人类赖以生存的环境的基本要素。如此一种基本资源一旦缺乏，必将影响经济及社会活动，在70年代世界由于石油价格上涨造成能源危机之后，许多人担心下一次是否在世界上将发生水资源危机。

与石油、粮食、金属或大多数其他必需的商品不同，一般对水的需要都是大量的，而且不便于进行国际贸易。水作为一种资源，其使用价值及充足程度，取决于就地或就近供应的可能性，并取决于使用和管理方式。今年几十年内，在世界许多地区随着人口增加和工农业的发展，对淡水资源的需求必将增加。水已成为经济活动和粮食生产的制约因素，这将迫使许多国家的水管理部门必须制定新的政策和措施，以管理好这十分珍贵、数量有限的水资源。

据联合国世界观察研究所（World Watch Institute）1985年估计，太阳的能量使地球表面上（85%由海面，14%由陆面）每年有500万亿 m^3 的水升入天空。同一数量的水，化为雨雪又降回地球，降到地面的水为110.3万亿 m^3，其中71.5万亿 m^3 的水被蒸发掉。因此，这一太阳能循环每年将38.8万亿 m^3 经过蒸馏的水，由海洋运至陆地，水作为“径流”又重新流回海洋，如此每年循环往复不止。所以说，淡水是一种再生资源。在地球目前气候条件下，每年这一淡水资源的数量大致相等。

由于水资源时空分布不均匀，在最需水的时间和地点，往往得不到供应。每年大约有2/3的径流以洪水形式迅速流走。其余1/3水量是稳定的，是全年地球人类饮用水和工农业用水的可靠水源，其数量每年约为14万亿 m^3，其中包括从湖泊和从水库泄水增加的稳定水源约2万亿 m^3。如世界人口按50亿计算，每人每年占有水资源为 $2800m^3$。这是当前淡水再生资源的实际限度。

世界上年径流总量超过1万亿 m^3 的国家有：巴西5.66万亿 m^3，前苏联4.38万亿 m^3，加拿大3.12万亿 m^3，美国2.97万亿 m^3，印尼2.81万亿 m^3，中国2.80万亿 m^3，印度1.78万亿 m^3 等10个国家。按1980年的世界人口计，世界上有48个国家人均占有径流量超过 $10000m^3$，有59个国家少于 $5000m^3$。

表 1-1　世界一些国家人均年径流量的 1983 年值及 2000 年预测值*

国　家	1983 年 (10^3m^3/人)	2000 年 (10^3m^3/人)	差　值 (%)
加拿大	110.0	95.1	-14
挪　威	91.7	91.7	0
巴　西	43.2	30.2	-30
委内瑞拉	42.3	26.8	-37
瑞　典	23.4	24.3	+4
澳大利亚	21.8	18.5	-15
美　国	10.0	8.8	-12
印　尼	9.7	7.6	-22
墨西哥	4.4	2.9	-34
法　国	4.3	4.1	-5
日　本	3.3	3.1	-6
马日利亚	3.1	1.8	-42
中　国	2.8	2.3	-18
印　度	2.1	1.6	-24
肯尼亚	2.0	1.0	-50
南　非	1.9	1.2	-37
波　兰	1.5	1.4	-7
孟加拉	1.3	0.9	-31
埃　及	0.9	0.6	-33
全世界	8.3	6.3	-24

*　本表摘自《2000 年一些国家水资源紧缺情况及节水对策》，水利电力部科学技术情报研究所，1986 年 9 月。

表 1-1 所列，为一些国家人均年径流量的 1983 年值及 2000 年的预测值。

二、世界用水情况

据统计，全世界 1975 年工农业和城市生活用水量约 3 万亿 m^3，其中农业用水为 2.1 万亿 m^3，占 70%；工业用水为 6300 亿 m^3，占 21%；城市生活用水 1500 亿 m^3，占 5%，水面蒸发占 4%。用水总量较大的国家有美国、印度、前苏联、中国等，年用水量在 3300～4700 亿 m^3，以 1975 年的世界人口统计资料，世界人均用水量为 744m^3，美国和前苏联人均用水量较高，分别为 2190 和 1304m^3，日本和印度接近世界平均值，分别为 792m^3 和 691m^3，中国为 491m^3。

世界总用水量随工农业生产及社会发展而迅速增长。在 1960～1975 年的 15 年内，世界总用水量每年以 3% 的速度递增，其中，农业用水、工业用水和城市生活用水的递增速度分别为 2.3%、4.8% 和 4.2%。到 1990 年，全世界用水总量已达 4 万亿 m^3，发达国家工业用水迅速增加，发展中国家的农业用水多。

（一）农业用水

农业用水包括农田灌溉用水和农村人畜用水，其中灌溉用水占 90% 以上，基本是随着灌溉面积增加而同步增长。1900～1975 年，世界灌溉面积从 6 亿亩增至 30 亿亩，年平均增长 2.2%，同期农业用水量年平均增长率为 2.4%。从各国情况看，亚洲、非洲及南美一些发展中国家，农业用水量占总用水量的 80%～90%；欧美一些工业发达国家，农业用水占总用水量的比例相对较小，有的甚至小于工业用水的比重。

农业用水量与灌溉用水指标有密切关系。影响灌溉用水指标的因素有气候、土壤、作物、耕作方法及灌水技术等。欧洲一些国家，由于气候湿润及其他因素，灌溉用水指标较低，亚洲、非洲一些干旱地区，灌溉用水指标较高，欧洲为 260～400m^3，亚洲为 600～800m^3，北非（沙漠地带）为 800～1000m^3，南非为 500～700m^3，南美及大洋洲为 500m^3，北美为 500～600m^3。1975 年世界平均每亩灌溉用水量约 630m^3。

（二）工业用水

随着各国经济发展，工业用水以较快的速度增长，1970～1975 年世界工业用水量从 5100 亿 m^3 增至 6300 亿 m^3，年平均增长率为 4.3%，高于农业用水增长率。据 1975 年统计，工业用水量最多的国家是美国（2033 亿 m^3）和前苏联（1061 亿 m^3）。工业用水占总用水量比例超过40%以上的国家有：加拿大为81.5%，英国为76%，捷克斯洛伐克为71%，波兰为66.9%，法国为57.2%，匈牙利为53.1%，美国为43.4%，前苏联为40.7%。

工业用水中，火电厂用水占最大比重，往往超过工业用水量的一半。因此，通常将火电厂的用水单列。不同工业产品用水量差别很大，如采选矿每吨需水2～4m^3，炼1吨生铁需水40～50m^3，生产1吨化学纤维需水2000～3000m^3，造1吨纸需水1300～6000m^3，一座100万kW的热电厂每年需水12亿～16亿m^3（如设有循环供水系统，耗水量可减少90%）。随着工业的发展，工业用水量在不断增加。目前世界各国都在采用新的节省用水的工艺设备和提高水的循环利用率，降低工业用水消耗，以节省有限的宝贵水资源。

（三）城市用水

虽然世界城市生活用水量占总用水量的比例很小，约为5%，但随着城市的发展，城市人口集中及现代化生活水平的提高，城市生活用水量将会迅速增长，年平均增长率为4.6%，高于农业用水和工业用水的增长率。现在，世界城市用水总量已达2000亿m^3。

三、2000年世界用水展望

（一）水资源将面临不足

到2000年，世界各国用水量将进一步增长，非洲、南亚、中东和拉美部分国家将严重缺水。亚洲大陆径流量不稳定。据气候条件和人口预测，本世纪末全球人均水资源将减少24%，稳定可靠的人均可供水量将降至2280m^3。全世界工农业和城市生活用水量，1975年为30000亿m^3，人均用水量为744m^3，推算至2000年将增至60000亿m^3。到2000年，北非、中东等很多国家，须利用全部可用淡水资源方能满足需要。南欧、东欧、中亚、南亚的需水量，也将接近稳定的可利用水资源。

自现在到2000年，年平均用水增长率为2.8%，其中工业用水年平均增长率为4.5%，农业用水年平均增长率为1.9%，城市生活用水年平均增长率为4.4%，各类用水占总用水量的比例，工业用水为25%，农业用水为65%，城市生活用水为7%。预计，到2000年世界人口为63.5亿，人均用水量将由1975年的744m^3增到945m^3，总用水量占河川径流量的比例将由6.4%上升到12.8%。就世界水资源总量而言，用水量是够的，但由于水资源时间空间分布的不平衡，水资源污染以及开发水资源的经济、社会等问题，世界上许多国家已预感到面临缺水问题。此外，河流污染，地下水超采和水资源管理不善等，也加剧了供水的紧张程度。

（二）解决缺水问题的对策

从上述情况可知，世界上许多国家和地区在2000年及以后，都将面临不同程度的水资源短缺问题。为了保持经济发展和改善人们的生活水平，为了向世界增长的人口供水，必须节省和有效地利用现有水资源。采用筑坝修建新的蓄水水库或是修建长距离引水工程以扩大供水量等措施，很可能受到浩大工程量和巨额资金投入的限制，而且多数旷时日久，不能立即生效。采用节水措施和新的工艺技术，用更少的水种植农作物和生产工业品，即可为其他需水部门增加新的供水量，这种措施与修建工程建筑物是同样可靠的。当然，这些节水的技术措施应该是切实可行的，应具备一定的技术经济政策，应具有适当的法规和执行机构，使各项工作配合起来，才能很好地协调和解决有效利用水资源的问题。

1. 节约工业用水

预计到2000年，世界各国工业需水量约占世界总需水量的30%。节约工业用水的主要措施是增加生产用水的循环利用次数。例如美国制造业，1978年的需水量为490亿m^3，每立米水的循环利用为3.42次，相当于节省约1200亿m^3的需水量。1985年重复利用次数为8.63次，预计2000年将达17.08次，因此，到2000年美国制造业的工业需水量不但不增加，反而将比1978年减少45%。又如以色列是一个干旱缺水的国家，其造纸业生产1吨纸仅需水12m^3，而其他国家造纸业用水是这个数的7～10倍。由此可见，工业上采取节水措施的潜力是很大的。

利用污水和废水，是另一项节约用水的有效措施。城市污水经过二级处理，可用于灌溉农田和牧场。如墨西哥联邦区，1980年利用净化污水量，为该区总水量的4%，到2000年这个比例将增至12%；以色列实际上已无淡水资源可供开发，1980年废污水再利用的水量已占全国需水量的4%，2000年将满足全国总需水量的16%；美国加州每年利用净化污水达2.7亿m^3，相当于100万人口一年的用水量。

2. 节约城市生活用水

为了保证人民生活和美化环境的需要，城市用水会不断增加，到2000年城市生活用水量将约占世界总用水量的7%。生活用水有很大的节约潜力，近年来，国外许多厂家已研制出多种节水装置，一般可节省生活用水量的20%。城市供水管路漏水是最大的问题，例如在美国东部、拉美和欧、亚许多城市，供水管路的漏水量占供水量的25%～50%。欧洲城市维也纳，由于作出努力防止供水管路漏水，每天可减少损失6.4万m^3的洁净水，可满足40万居民生活用水的需要。

有些国家和地区，在人口密集的城市和建筑中，采用饮用和非饮用两套供水管路系统，将处理后的污水输送到非饮用管路供冲洗厕所等使用，有的滨海城市引用微咸海水入非饮用水系统，供冲洗使用。

3. 节约农业用水

1985年全世界农业灌溉面积为40.5亿亩，预计2000年将增至63亿亩，农业灌溉用水量约占世界总需水量的56.7%。可见农业用水是最大的需水部门，也是效率亟待提高的部门。目前世界上多数国家在农田灌溉上采用的是耗资较少的自流灌溉系统，从渠道或水井引水输往田间的过程中，仅有少量的水为作物吸收，大部分从田间流走或渗漏，水的浪费很大。如果在全世界范围内仅提高灌溉用水效率的10%，就可以节省足够供应全世界居民日常的生活用水需要，可见，节省农业用水的潜力之大。近年来许多国家由于水资源的不足，已在促使各国重视省水灌溉的研究和改善灌溉管理的方法。

（1）改善地面灌溉　全世界地面灌溉系统约占总灌溉面积的80%，应采用各种节水措施，以降低地面灌溉的耗水量，如低压管道灌溉，目前正逐步代替田间渠道灌溉系统；又如改进传统的喷灌系统，采用低能耗的精细喷灌技术；可达到在作物根部附近喷洒水的方法，此法与平整土地相结合，可使灌溉效率达98%；简单易行的方法为修建水平畦田，同样也可收到节省灌溉用水的目的。

（2）发展微灌技术　对于产值高的果树和菜园，采用滴灌、雾灌是更为省水的灌溉新技术，比传统的自流灌溉用水量可节省40%～60%，比常规的喷灌方法也可节省20%～

50%。

(3) 改进灌溉管理　灌溉效率与灌溉系统的管理方法有关，各种灌溉方法的平均效率幅度差别很大，如自流灌溉为40%～80%；中心支轴式喷灌为75%～85%；滴灌为60%～92%，改善灌溉技术管理措施，应具有较大的节水潜力。

(4) 修建地下水库　自二次世界大战以后，利用地下水库人工补给地下水的技术在国外发展很快。根据近年来统计资料，美国每年人工补给地下水量可达到每年总抽水量的30%，在西部几个州，这一比例可达45%；前西德有20个大城市为40%；荷兰为20%。目前有20多个国家修建了人工补给地下水工程。

由于采取以上各种节水措施，有些国家预计到2000年增加的需水量并不多，有的反而减少。如美国2000年的总需水量将由1975年的4676亿 m^3 减少到4233亿 m^3，降低9%。由此可见，面临2000年世界需水量继续增加，水资源严重不足的严峻形势（见表1-2），唯一出路是采取各种节水措施和新技术，改进管理，以降低耗水量。

**表1-2　世界一些国家1975～2000年用水增长情况*

国家	河川年平均径流量（亿 m^3）	总用水量						1975～2000年平均增长率（%）
		1975年			2000年			
		用水量（亿 m^3）	占河川径流量（%）	人均用水量（m^3）	用水量（亿 m^3）	占河川径流量（%）	人均用水量（m^3）	
美国	29702	4676	27.4	2190	4233	24.8	1622	
日本	5470	876	16.0	792	1145	20.9	733	1.8
印度	17800	4240	23.8	691	10130	56.9	958	3.4
法国	1680	420	25.0	796	842	50.1	1368	2.8
捷克	280	100	35.7	676	180	64.3	978	2.4
波兰	490	157	32.0	461	316	64.5	713	2.8
中国	26830	4767	18.1	491	7322	27.8	572	2.0
全世界	470000	30000	6.4	744	60000	12.8	945	2.8

注　印度采用1974年值；中国采用1978年值以代替1975年值；日本无2000年预测值，采用1990年预测值。

*　本表摘自《一些国家的水资源开发利用》，水利电力部科学技术情报研究所，1983年2月。

第二节　我国水资源概况

一、我国河流、湖泊和冰川

(一) 河流

我国地处欧亚大陆东南部，濒临太平洋。地形西高东低，境内山脉、丘陵、盆地、平原相互交错，地形构成江河湖泊众多。根据统计，流域面积在10000km² 以上的河流有97条，在1000km² 以上的有1500多条，在100km² 以上的有50000多条。河流可分为流入海洋的外流河和不与海洋沟通的内陆河两大类。外流河的集水区域约占全国总面积的65%，主要外流河有黑龙江、辽河、海河、黄河、淮河、长江、珠江、澜沧江等流入太平洋；怒江、雅鲁藏布江等流入印度洋；额尔齐斯河流入北冰洋。内陆河的集水区域约占全国总面积的35%，较长的内陆河有塔里木河、伊犁河、黑河等，详见表1-3。

表 1-3　　　　中 国 主 要 江 河*

河　名	长　度 (km)	流域面积 (km^2)**	河　名	长　度 (km)	流域面积 (km^2)**
长江	6300	1808500	海河	1090	203631
黄河	5464	752443***	淮河	1000	269283
黑龙江	3420	1620170	滦河	877	44100
松花江	2308	557180	鸭绿江	790	61889
珠江	2214	453690	额尔齐斯河	633	57290
雅鲁藏布江	2057	240480	伊犁河	601	61640
塔里木河	2046	194210	元江	565	39768
澜沧江	1826	167486	闽江	541	60992
怒江	1659	137818	钱塘江	428	42156
辽河	1390	228960	浊水溪	186	3155

*　本表摘自《中国水资源评价》，水利电力部水文局，水利电力出版社，1987 年 12 月。

**　流入邻国河流流域面积算至国境线，入境河流流域面积包括流入我国或界河的国外面积。

***　不含黄河流域内闭流区的面积。

（二）湖泊

我国是一个多湖泊国家，根据统计面积在 1.0km^2 以上的湖泊约 2300 个，总面积为 71787km^2，约占全国总面积的 0.8%。湖泊储水总量约 7088 亿 m^3，其中淡水储量为 2261 亿 m^3，占湖泊储水总量的 31.9%。

我国湖泊在外流河区域属外流湖区，以淡水湖为主，在内陆河区域属内陆湖区，以咸水湖和盐湖为主，但青藏高原尚分布一些淡水湖泊。外流湖泊的面积为 30650km^2，储水量为 2145 亿 m^3，其中淡水储量为 1805.5 亿 m^3。内陆湖泊的面积为 41137km^2，储水量达 4943 亿 m^3，其中淡水储量为 455.5 亿 m^3。

根据湖泊地理分布特点，全国可划分为五个主要湖区，其面积和储水量如表 1-4 所示。

表 1-4　　　　中国湖泊面积和储水量*

湖　区	湖泊面积 (km^2)	占全国湖泊面积的百分数 (%)	湖泊储水量 (10 亿 m^3)	其中淡水储量 (10 亿 m^3)	占湖泊淡水总储量的百分数 (%)
青藏高原	36889	51.4	5182	1035	45.8
东部平原	21641	30.2	711	711	31.5
蒙新高原	9411	13.1	697	23.5	1.0
东北平原及山地	2366	3.3	190	188.5	8.3
云贵高原	1108	1.5	288	288	12.7
其他	372	0.5	20	15	0.7
合计	71787	100	7088	2261	100

*　本表摘自《中国水资源评价》，水利电力部水文局，水利电力出版社，1987 年 12 月。

（三）冰川

中国是世界上中低纬度山岳冰川最多的国家之一。现代冰川广泛分布在我国西北和西南部的甘肃、青海、新疆、西藏、四川、云南等六省区（见表 1-5）。我国冰川总面积约为 58650km^2，约相当于全球冰川覆盖面积（1620 万 km^2）的 0.36%。但冰川规模大小分布很不均匀，西藏境内冰川面积最大，占全国冰川总面积的 47%，其次是新疆，占 44%，其余的 9%分布于青海、甘肃等省区。

表 1－5　　　　中国冰川面积、储量及融水量统计表*

山　脉	主峰名称	主峰高度（m）	雪线高度（m）	冰川条数	冰川面积（km^2）	冰川储量（10^8m^3）	冰川融水量（10^8m^3）
祁连山	团结峰	5826	4400～5400	2859	1973	954.4	11
阿尔泰山	友谊峰	4374	2800～3550	416	293	164.9	3.85
天山	托木尔峰	8908	3600～4300	8908	9196	10106.7	95.92
帕米尔	公格尔山	7719	4200～5900	2112	2993	2487.3	17.05
羌塘高原		6547	5100～6100	1821	3109	2630	16.03
喀喇昆仑山	乔戈里峰	8611	5000～5600	1848	4647	6044.9	28.71
昆仑山	慕士峰	7719	4500～6000	7774	12482	13020.8	62.98
喜马拉雅山	珠穆朗马峰	8848	4300～6200		11055	9950	100.71
冈底斯山	冷布岗日	7095	5800～6000	3099	1668	503.2	8.88
念青唐古拉山	念青唐古拉峰	7111	4600～5600	2966	7536	3770	150.24
横断山	贡嘎山	7566	4600～5600	1680	1618	1069.9	51.16
唐古拉山	各拉丹冬	6621	5200～5800		2082	620	16.33
总计					58651	51322.2	563.42

*　本表摘自《中国水资源评价》，水利电力部水文局，水利电力出版社，1987 年 12 月。

我国冰川储量约为 51320 亿 m^3，年平均冰川融水量为 563 亿 m^3，冰川融水量是逐年可更替的动态水量，称冰川水资源，是河川径流的组成部分。

二、我国水资源总量

（一）我国地表水资源量

地表水体包括河流水、湖泊水、冰川水和沼泽水，地表水资源量通常用地表水的动态水量，即河川径流量来表示。

全国按流域水系划分为十大片，即一级区，以反映水资源条件的地区差别，并尽可能保持河流水系的完整性，按大江大河干流进行分段，自然地理条件相同的小河适当合并，便于进行地表水资源量计算和供需平衡分析。又将全国划分为 77 个分区，即二级区。根据各省、自治区、直辖市和各流域片的计算成果汇总，求得全国 24 年同步、期平均年径流总量为 27115 亿 m^3，折合年径流深 284mm。有关全国主要河流的径流量如表 1－6 所示。

（二）地下水资源量

计算地下水资源时，首先按地形地貌特征将全国划分为山丘区和平原区，平原区又分为北方平原区和南方平原区。

北方平原区地下水计算面积为 1799898km^2，平均地下水资源量为 1468 亿 m^3，其中降水入渗补给量为 764 亿 m^3，占 52%；地表水体渗漏补给量为 599 亿 m^3，占 41%。因此，降水和地表水体同为北方平原区的主要补给来源。北方平原区平均年地下水总排泄量为 1530 亿 m^3，其中潜水蒸发量为 844 亿 m^3，占 55%；实际开采量为 366 亿 m^3，占 24%；河道排泄量 242 亿 m^3，占 16%。

表 1-6　　全国主要河流径流量表（以平均年径流量次序排列）

河　名	河　长（km）	总流域面积（km^2）	平均年径流量（亿 m^3）	备　注
长　江	6300	1808500	9334	长江水量在世界上排第三位
珠　江	2214	453690	3360	
雅鲁藏布江	2057	240480	1654	
松花江	2308	557180	718	
黄　河	5464	752443	592	
淮　河	1000	191174	443	
海　河	1090	263631	228	
辽　河	1390	228960	148	

南方平原区地下水的计算面积为 183904km^2，平均年地下水资源量为 405 亿 m^3，其中降水入渗补给量为 292 亿 m^3，占 72%；地表水体渗漏补给量为 113 亿 m^3，占 28%。平均年潜水蒸发量为 119 亿 m^3。

山丘区地下水计算面积占全国地下水计算面积的 77%，为 6790906km^2。该区内平均年地下水资源量为 6762 亿 m^3，其中河川基流量占 97.6%。

各流域片山丘区、平原区地下水资源量及其重复计算量成果，如表 1-7 所示。

表 1-7　　各流域片山丘区和平原区地下水资源量及其重复计算量成果表

流域片	山丘区		平原区		重复计算量（亿 m^3）	计算总面积（km^2）	地下水资源总量（亿 m^3）
	计算面积（km^2）	地下水资源量（亿 m^3）	计算面积（km^2）	地下水资源量（亿 m^3）			
黑龙江	593056	223.6	297581	221.9	14.8	890634	430.7
辽　河	230524	95.7	110300	108.2	9.7	340824	194.2
海滦河	171372	157.9	106424	178.2	37.6	277796	265.2
黄　河	608357	292.1	167007	157.2	43.7	775364	405.6
淮　河	127923	107.2	169938	296.7	10.9	297861	393.0
长　江	1625293	2218.0	132876	260.6	14.4	1758169	2464.2
珠　江	550113	1027.8	30468	92.7	5.0	580581	1115.5
浙闽台诸河	218639	561.8	20560	51.9	0.6	239199	613.1
西南诸河	851406	1543.8				851406	1543.8
内陆诸河	1782444	535.5	927700	486.0	201.7	2710144	819.8
附：额尔齐斯河	31782	31.9	20948	20.0	9.4	52730	42.5
全国总计	6790906	6762.0	1983802	1873.4	347.8	8774708	8287.6

（三）水资源总量

我国平均年地表水资源量（即河川径流量）为 27115 亿 m^3，平均年地下水资源量为 7299 亿 m^3。扣除重复计算量以后，全国平均年水资源总量为 28124 亿 m^3，按流域分片计算成果，如表 1-8 所示。

表 1-8　　全国分片水资源总量成果表

流域片	计算面积（km^2）	地表水资源量（亿 m^3）	地下水资源量（亿 m^3）	重复量（亿 m^3）	水资源总量（亿 m^3）	产水模数（万 m^3/km^2）
黑龙江	903418	1165.9	430.7	244.8	1351.8	14.96
辽河	345027	487.0	194.2	104.5	576.7	16.71
海滦河	318161	287.8	265.1	131.8	421.1	13.24
黄河	794712	661.4	405.8	323.6	743.6	9.36
淮河	329211	741.3	393.1	173.4	961.0	29.19
长江	1808500	9513.0	2464.2	2363.8	9613.4	53.16
珠江	580641	4685.0	1115.5	1092.4	4708.1	81.08
浙闽台诸河	239803	2557.0	613.1	578.4	2591.7	108.08
西南诸河	851406	5853.1	1543.8	1543.8	5853.1	68.75
内陆诸河	3321713	1063.7	819.7	682.7	1200.7	3.61
附：额尔齐斯河	52730	100.0	42.5	39.3	103.2	19.57
全国总计	9545322	27115.2	8287.7	7278.5	28124.4	29.46

三、我国水资源特点

（一）人均水资源占有量少

我国年平均降水量约 6 万亿 m^3，水资源总量为 2.8 万亿 m^3，相当于全球年径流总量 47 万亿 m^3 的 6%，居世界第 6 位，仅次于巴西、苏联、加拿大、美国和印尼。但按人口计算，人均水资源占有量约 2700m^3，相当于世界人均水资源量的 34%，居世界第 85 位，因此，我国水资源量并不丰富。在我国 2.8 万亿 m^3 的水资量总量中，长江占 34%（约 9600 亿 m^3），珠江占 16%，西南和东南诸江河占 30%，而黄河只占 2.4%，海河只占 1.1%。从北方的缺水形势来看，我国可以说是“贫水国”。

（二）水资源地区分布不均匀

由于我国所处地理位置，每年夏、秋季都有太平洋和孟加拉海湾来的东南风，带来大量雨水，由东南向西北方向输送。冬春季节，西伯利亚寒流干旱少雨，自西北到东南走向，常在我国西北和华北形成大面积干旱。年平均降水量自东南的 1600～1800mm，向西北方向逐渐减少到 200mm 以下，如从 400mm 年降水量为分界线，在我国西北和华北约有 45%的国土面积处于干旱和半干旱地带，形成了成片的沙漠、戈壁和干旱的黄土高原。

我国水资源地区分布是南多北少，相差悬殊，与人口和耕地分布不相适应，基本上是水少地方耕地多，水多地方耕地少。长江流域及其以南的珠江流域、浙闽台、西南诸河等四片，面积占全国的 36.5%，耕地占全国的 36%，水资源量却占全国总量的 81%，人均占有水量为 4180m^3，约为全国平均值的 1.6 倍；亩均占有水量为 4130m^3，为全国平均值的 2.3 倍。辽河、海滦河、黄河、淮河四个流域片，总面积占全国的 18.7%，接近南方四片的一半，但水资源总量仅为 2177 亿 m^3，相当于南方四片水资源总量的 10%。而北方四片土地多属平原，耕地占全国的 45.2%，人口占全国的 38.4%，其中尤以海滦河最为突出，人均占有水量仅有 430 m^3，为全国平均值的 16%，亩均占有水量仅有 251m^3，为全国平均值的 14%，可见不均匀差别之大。水资源分布均匀与否，对国民经济布局和发展影响很大，水资源严重缺乏地区，对工农业发展将产生明显的制约作用。

（三）年内和年际降水不均匀

我国降水量和径流量在年内、年际间的变化幅度都很大，并有枯水年和丰水年持续出现的特点。这种年际变化，北方大于南方，如东北松花江哈尔滨站水文记录，1916～1928年连续13年为枯水年，径流量比常年少40%；1960～1966年为连续丰水年，径流量比正常年份多32%。又如淮河蚌埠站，丰水年（1921年）径流量为718亿m^3，是枯水年（1978年）径流量的26.7倍。

从全年来看，我国大部分地区冬春少雨，夏秋多雨。南方各省汛期一般为5～8月，降雨量占全年的60%～70%，2/3的水量都以洪水和涝水形式排水海洋，而华北、西北和东北地区，年降雨集中在6～9月，占全年降雨的70%～80%。这种高度集中的降水，往往又集中在几次暴雨过程中，容易造成洪涝灾害，而在冬春季节少雨，又往往干旱缺水。我国水资源时程分配极不均匀，是造成水旱灾害出现频繁，农业生产极不稳定的主要原因。

虽然我国水资源在时间和地区上分配极不均匀，这是不利的一面；但水资源在时间分配上的雨热同期也是有利的方面。在每年6～8月，大部分农作物进入生长期，雨季也同时来临，为农作物生长提供了热和水两个重要条件，如无异常降雨，即会形成风调雨顺、农业取得丰收的自然气候条件，有助于解决中国众多人口的吃饭问题。

四、我国水资源开发利用情况

建国以来，我国已建水库8万多座，其中大型水库300余座，中型水库2700余座，总库容约4400亿m^3。机电排灌动力发展到5740万kW，其中机井240万眼，2208多万kW。全国水利工程供水能力每年为4700亿m^3，开发利用的水资源占17%，比建国初期增加3倍。在全部供水量中，地表水占86%（其中蓄水27%，引水36%，提水15%，其他8%）；地下水占14%，主要在北方，其中黄淮海地区占70%。

据80年代统计，我国农业用水占88%，平均每亩用水量为583m^3，尚低于世界平均水平630m^3（美国为669m^3，前苏联为659m^3，印度为770m^3）。我国在工业用水方面，万元产值耗水量为620m^3，相应的水重复利用率为30%，与经济发达国家相比差距很大，如美国为85%，前苏联为80%，德国为75%，日本为74%。近年以来，北方地区的万元产值耗水量已下降较快，大城市已降至300m^3以下，南方地区万元产值耗水量也有不同程度下降，其下降幅度在100～150m^3。

建国以来，我国城市生活用水量增长30倍以上，1980年为70亿m^3，1988年近110亿m^3，年增加幅度在5%以上。我国人口50万以上的大城市，人均日用水量为100～200L，中小城市为50～100L，与国外大城市人均日用水量相比仍偏低很多（如伦敦263L，维也纳300L，巴黎500L，莫斯科600L）。自来水普及率在我国城市已达80%，但乡镇仍较低，约20%～30%。

我国的水力发电装机容量，由50年代初的16万kW已增加到3100万kW，增长了200倍；发电量由7亿多kW·h增加到1000亿kW·h，增长了140多倍。目前发电用水量日均30亿m^3，发电后下泄水量仍可供下游其他用水部门使用。

全国内河通航河道为10.8万km，占全国河流总长的1/4，其中通航300t以上的河道为 9500km，50t 以下的河道为 5 万 km，货运周转量为 770 亿 t/km，比建国初增长11 倍。

全国共有水域面积 3 亿亩，其中水库水面和鱼塘为 7500 万亩（其中水库水面占 40%为 3000 万亩），1983 年我国淡水鱼产量达 184 万 t，为建国初期的 12 倍，列世界首位。

40 多年来，我国修建了大量水利工程，水资源开发利用在满足日益增长的工农业发展需要方面，取得了很大的进展，但在开发管理上还存在有下列问题。

（一）地区性缺水问题

几乎占国土面积一半的我国北方地区属缺水地区，每年有旱灾面积约 3 亿亩。据 1984 年统计，华北地区有耕地 2.1 亿亩，占全国耕地 14%；人口 1.26 亿，占全国 12%；但水资源量仅为 456 亿 m^3，仅占全国的 1.6%。1980 年华北地区总用水量已达 458 亿 m^3，目前遇水量偏枯年份就缺水 20 亿～30 亿 m^3，若遇连续枯水年份，缺水将达 50 亿 m^3。预测至 2000 年，年用水量将增加至 600 亿 m^3，一般年份将缺水 100 亿 m^3。显然，水资源短缺将成为华北地区经济发展的制约因素。以现有状况而言，应大力加强用水管理，推行节水措施，保护好现有水资源；此外，应及早研究和规划从外流域大型调水的计划，从长远角度解决北方地区水资源短缺矛盾。

（二）管理问题

我国一些地方和部门用水浪费现象还普遍存在，用水管理水平很低。在农田灌溉用水方面，亩均用水量约 600m^3，但有的地方高达 1000m^3，田间工程不配套，渠道渗漏严重，喷、滴灌等省水灌溉技术推广使用所占比例还很小。

我国水利工程大多是 50 年代修建的，至今已有 40 余年，由于管理不善和水利资金投入减少，工程老化失修，效益衰减，自然造成了水资源利用的浪费。有的灌溉渠道久日失修而废弃不用，有的因城建和农村建房挤占灌溉农田，以致新增灌溉面积还抵不上减少的面积。1981～1985 年，全国灌溉面积净减 1500 万亩，年均减少 300 万亩。

我国工业用水效率也亟待提高。有的地方兴建新的工业项目，很少考虑本地区水资源供需情况及可行性；现有的工业的万元产值耗水量高，水的重复利用率低；火电厂的千瓦装机用水量在 650m^3 以上，比发达国家高 1 倍以上；城市生活用水也存在利用率低和浪费的现象。

（三）水质污染问题

我国天然河流水质，就全国而言还是比较好的。矿化度超过 1000mg/L 的河水分布面积仅占全国面积的 13.4%，主要分布在我国西北人烟稀少的未开发地区。过去由于对水质问题不够重视，也没有有效的措施，随着社会经济发展和人口增长，工业废水和生活污水排放迅速增加，致使我国河流、湖泊、水库都有不同程度的污染，水质日益降低。据统计，1970 年全国污水排放量为 150 亿 t，1980 年为 300 亿 t，1988 年为 370 亿 t，其中 82%是工矿企业废水；18%为生活污水，总量中 95%以上未经处理直接排放。根据调查，现在我国经济发达、人口稠密的地区，如京津唐、辽宁、沪宁杭、广州及珠江三角洲、闽南三角洲以及西安、武汉、成都、昆明等大城市，已成为水污染严重地区。我国长江、黄河、珠江、海河、淮河、松辽河等大江河都受到不同程度的污染，每年要接纳全国污水的 70%，其中长江要接纳全国污水的 40%，沿江的许多淡水湖泊如太湖、洞庭湖、鄱阳湖等，都受到严重污染。

自70年代以来，我国已开始注意保护水源，治理污染。目前主要问题是污水处理能力太低；处理投资巨大。据统计，全国现有污水处理厂50多座，日处理污水能力不足200万t，还不足全国排污的2%；全国40多万个工矿企业建有污水处理设备2万多套，仅占5%。所以，必须重视污水处理问题，加速提高污水处理能力，否则水质污染将日趋严重。

第二章　水资源管理概述

第一节　水资源管理的重要性

水资源对一个国家和地区的生存和发展，有着极为重要的作用。加强对水资源的管理，首先应从以下几层观念建立全面的认识。

（一）水的资源观念

水与地下的矿藏和地上的森林一样，同属国家有限的宝贵资源。水资源虽是可以再生的，但从我国幅员和人口来看，我国是水资源短缺的国家，人均占有量2700m^3，仅是世界人均水资源占有量的1/4。我国华北、西北地区严重缺水，人均占有量仅分别为世界人均水资源占有量的1/10和1/20。长期以来，人们的习惯思想认为：我国有长江、黄河等大江大河，水是取之不尽、用之不竭的。这些不科学的糊涂观点导致人们用水无计划，把本来应该珍惜的有限水资源随便滥用，浪费很大。过去常说“水利是农业的命脉”，这已远远不够，根据现代国民经济发展的实践，可以认为“水是整个国民经济的命脉”。对这样有限的宝贵资源，我们必须加以精心管理和保护。

（二）水的系统观念

水资源整个系统应包括天然降水形成的地表水和入渗所形成的地下水，天然河流、湖泊和人工水库所流动和蓄存的水，这是人类可以调节利用的水量，以供给农业、工业和居民生活使用，必须加强保护。工业、居民生活排放的废水、污水含有有害物质，应严格控制流入供水水域；应严格控制超量开采地下水，不应以短期行为或用以邻为壑的办法取水、排水，而必须从水的系统观念来保证水量和水质。

（三）水的经济观念

由于社会和经济的不断发展，对水的需求量不断增加，用传统的简单方法从天然状况取水已不可能。采用现代的工程措施修建水库、引水渠道以及抽水站、自来水厂等，都需投入大量的活劳动和物化劳动，这样使水就具有了商品属性。取水用水就要交纳水资源费和水费，管理水的部门就要讲求经济效益。建国40余年来，我国水利建设的社会效益与经济效益是巨大的，但长期以来无偿或低价供水，特别是农业供水，水的价格与价值长期背离，水利工程管理单位的水费收入不能维持其运行维修和更新改造，导致工程效益衰减，缺乏必要的资金来源，导致工程老化失修，以致不能抗御意外灾害。这种状况必须改变。

（四）水的法制观念

为了合理开发利用和有效保护水资源，兴修水利，防治水害，以充分发挥水资源的综合效益，适应国民经济发展和人民生活需要，必须制定水的法律和各种规章制度，由政府颁布并严格执行，才能达到上述各种目的。我国依法管水起步较晚，自1984年起，在总结我国历史经验和参考国外水法的基础上，开始了制定我国《水法》的工作。1988年1

月，我国《水法》在第六届全国人民代表大会常务委员会第24次会议通过，从1988年7月1日起施行。这样，我国在开发、利用、保护和管理水资源的实施方面有了法律依据。可以预期，我国水资源管理工作将开创一个新局面。

第二节　水资源管理体制

长期以来我国水资源管理较为混乱，水权分散，形成“多龙治水”的局面，例如，气象部门监测大气降水，水利部门负责地表水，地矿部门负责评价和开采地下水，城建部门的自来水公司负责城市用水，环保部门负责污水排放和处理，再加上众多厂矿企业的自备水源，致使水资源开发和利用各行其是。实际上，大气降水、地表水、地下水、土壤水以及废水、污水都不是孤立存在的，而是有机联系的、统一而相互转化的整体。简单地以水体存在方式或利用途径人为地分权管理，必然使水资源的评价计算难以准确，开发利用难以合理。

对水资源进行科学合理的管理，应从资源系统的观点出发，对水资源的合理开发与利用，规划布局与调配，以及水源保护等方面，建立统一的、系统的、综合的管理体制，按照《水法》和有关规定，由水行政主管部门实施管理，并主要应体现在以下几个方面。

（一）规划管理

对于大江大河的综合规划，应以流域为单位进行。应与国民经济发展目标相适应，并充分考虑国民经济各部门和各地区发展需要，进行综合平衡，统筹安排。根据国民经济发展规划和水资源可能供水能力，安排国家和地区的经济和社会的发展布局。

水资源综合规划，应是江河流域的宏观控制管理和合理开发利用的基础，经国家批准后应具有法律约束力。

（二）开发管理

开发管理是实现流域综合规划对水资源进行合理开发和宏观控制的重要手段，也是水行政部门对国家水资源行使管理和监督权的具体体现。各部门、各地区的水资源开发工程，都必须与流域的综合规划相协调。

我国以往兴建水利工程开发水资源，是按照基建程序进行的，不需办理用水许可申请。现在我国《水法》规定，凡需开发利用新水源修建新工程的部门，都必须向水行政主管部门申请取水许可证，发证后方可开发。实际上，目前世界上许多国家都早已实行取水许可制度，限制批准用水量，并必须根据许可证规定的方式和范围用水，否则吊销其用水权。这一制度在我国刚刚开始实行，有待今后在实践中积累经验。

（三）用水管理

在我国水资源日益紧缺情况下，实行计划用水和节约用水是缓和水资源短缺的重要对策。水行政主管部门应对社会用水进行监督管理，各地区管水部门应制定水的中长期供求计划，优化分配各部门用水。为达到此目的，应制定各行业用水定额，限额计划供水；还应制定特殊干旱年份用水压缩政策和分配原则；提倡和鼓励节约用水，并制定出节水优惠政策。对节水单位进行奖励，以促进全社会都来节水。

对于使用水利工程如水库供应的水，应按规定向供水单位缴纳水费；对直接从江河和湖泊取水和在城市中开采地下水的，应收取水资源费。这是运用经济杠杆保护水资源和保证供水工程运行维修，以促进合理用水和节约用水的行之有效的办法。

（四）水环境管理

人类对于天然宝贵的水资源应加意精心保护，避免滥排污水造成水质污染，因为水源污染不仅使可用水量逐日减少，而且危害人类赖以生存的生态环境。为了解决保护水资源的问题，许多国家都成立了国家一级的专门机构，把水资源合理开发利用和解决水质污染问题有机地结合起来，大力开展水质监测、水质调查与评价、水质管理、规划和预报等工作。为了进行水环境管理工作，应制定江河、湖泊、水库不同水体功能的排污标准。排放污水的单位应经水管理部门批准后，才能向环保部门申请排污许可证，超过标准者处以经济罚款。水行政主管部门与环境保护部门，应共同制定出水源保护区规划。

世界各国水资源管理体制主要有：①以国家和地方两级行政机构为基础的管理体制；②独立性较强的流域（区域）管理体制；③其他的或介于上述两种之间的管理体制。水的主管机关，有的国家设立了国家级水资源委员会，其性质，有的是权力机构，有的是协调机构，也有的国家如日本，没有设立这种统一机构，分别由几个部门协调管理水资源工作。

我国国务院设有全国水资源与水土保持领导小组，其日常办事机构设在水利部，负责领导全国水资源工作。根据我国《水法》规定，国务院的水行政主管部门系水利部，负责全国水资源的统一管理工作，其主要任务为：①负责水资源统一管理与保护等有关工作；②负责实施取水许可制度；③促进水资源的多目标开发和综合利用；④协调部门之间的和省、自治区、直辖市之间的水资源工作和水事矛盾；⑤会同有关部门制定跨省水分配方案和水的长期供求计划；⑥加强节水的监督管理和合理利用水资源等。

我国目前对水资源实行统一管理与分级、分部门管理相结合的制度，除中央统一管理水资源的部门而外，各省、自治区、直辖市也建立了水资源办公室。许多省的市、县也建立了水资源办公室或水资源局，开展了水资源管理工作。与此同时，在全国七大江河流域委员会中建立健全了水资源管理机构，积极推进流域管理与区域管理相结合的制度。

第三节　国外水资源管理概况

一、美国水资源管理概况

美国水资源管理机构，分为联邦政府机构、州政府机构和地方（县、市）三类机构。在联邦政府的水利机构中，最重要的是陆军工程兵团、内务部垦务局和地质调查局、农业部土壤保持局。此外，直属于联邦的机构有环境保护局、田纳西流域管理局，以及根据1965年水资源规划法设立的水资源理事会等和一些流域委员会。他们的职能，主要是起协调作用。大部分州设有水资源管理机构。

（一）内务部垦务局

内务部垦务局成立于1902年，设在华盛顿，业务机构设在中西部科罗拉多州丹佛市，其主要任务是开发西部干旱缺水的17个州的水资源。80多年来，该局在西部建成水利工程170多处，管理水库300多座，水电站50多座，灌溉农田4200万亩，目前尚有在建工程 70 多处。

垦务局于 1987 年 10 月宣布改组。业务重点转为水资源管理、水质保护和其他环境计划，以及提高现有设施的效益。

（二）陆军工程师团

陆军工程师团成立于 1863 年，该机构的主要任务是研究、开发和改善美国的水资源，包括航运、防洪、大型排水、海岸飓风保护和洪水防护、水电开发、供水、水质控制、鱼类和野生动物保护，以及游览等业务。1936 年开始负责全国的防洪工作，兴建航运梯级、防洪水库和发展水电，主要工作任务为规划设计、施工管理，并承接国外水利水电工程设计任务。

（三）农业部土壤保持局

土壤保持局于 1933 年根据国会通过的土壤保持法成立，隶属于农业部，总部设在华盛顿。其下属机构是州的土壤保持局、地区土壤保持站。

土壤保持局的主要任务是：①水土资源保护；②自然资源调查；③农业社区的保护和开发。

（四）田纳西流域管理局

田纳西流域管理局（TVA）成立于 1933 年，直属联邦政府。该局是一个拥有政府权力，同时又具有私营企业性质的灵活性和主动性的机构。50 多年来，该局已发展成一个庞大的、自成体系的、行政管理与经济开发相结合的特殊机构。其主要职能除负责田纳西流域的水资源开发利用，包括防洪、航运、水力发电、工农业用水等外，充分合理地利用流域内水土资源，发展林业、渔业，开发电力和其他工矿业、旅游业，提高流域内居民经济发展和社会福利，取得了显著成绩，被美国视为示范性的国有企业。

（五）水资源理事会

水资源理事会是根据 1965 年通过的《水资源规划法》成立的。理事会的成员由内务部、农业部、陆军部、商业部、住房与城市发展部和交通部的部长，以及环境保护局局长，联邦动力委员会主席组成。另有联邦动力管理局长为副理事和五个方面的观察员组成，美总统指定内务部长为水资源理事会主席。该理事会的职能是：①研究国家和每个地区需水情况，并提出报告；②研究地区或流域规划与国家用水之间关系；③协调部门间水土资源开发利用政策和计划；④为联邦参与制定地区或流域综合规划和水资源工程的原则、标准和程序；⑤协调部门之间对流域综合规划中的进度，预算和计划；⑥对联邦与州联合组成的流域委员会的设立、管理和撤销行政职权；⑦管理各流域委员会提交的规划报告，进行审查并向总统提交报告；⑧对各州予以财政资助。

1968 年以后，美国水资源开发利用进入管理时期，所制定的水政策都与水管理有关。主要有以下几个方面：①在防洪方面重视洪泛区管理和推行洪水保险；②水资源工程评价要重视社会和环境影响；③关注水质问题和地下水的保护；④节约用水和污水回收利用，提高用水效率。

二、前苏联水资源管理概况

前苏联主管水资源开发利用和保护工作的有两个体系：一个体系是部长会议和各加盟共和国部长会议，州和边区苏维埃执行委员会等；另一个体系是土壤改良和水利部、各加盟共和国水利部，流域或地区水利管理局、州水利局、边区水利局等。

土壤改良和水利部下设有关水资源管理方面的直属机构有：科研管理总局、水资源综合利用管理总局、水资源保护总局、技术管理总局、工程（系统）管理总局。

土壤改良和水利部的职能是：①制定水资源综合利用和保护的远景规划和年度计划；②领导全国的土壤改良工作；③负责全国大型灌溉和排水系统的管理工作；④负责大型综合利用水利工程的运行管理；⑤统一调度用水；⑥主管水资源保护工作。

前苏联虽然拥有丰富的水资源，但由于在地理上分布不均，一些地区已出现水资源短缺，供水不足。为解决这一问题所采取的措施有：①实行河流梯级开发、工程综合利用；②将丰水地区的水调入缺水地区，修建跨流域调水工程；③对地下水进行人工补给；④实行水资源保护、防治污染；⑤节约用水；⑥征收水费等。

60 年代以来，工农业用水和城市生活用水增加迅速。在水资源不断开发利用，工业采用现代化技术的同时，污废排水大量增加，各水域污染日趋严重。1969 年发现，贝加尔湖的动植物大量减少，鱼场遭受破坏。

三、日本水资源管理概况

日本政府有五个省（部）分管水资源开发利用：农林水产省主管农田水利，厚生省主管生活用水，通商产业省主管工业供水和水力发电，建设省主管防洪和水土保持，环境用水由环境厅负责。水污染控制分别由官房、环境厅和建设省河川局、都市局负责。

全国长期供水计划，由以上各部门根据各地方提供资料，分别进行本部门的长期需水预测编制，由国土厅汇总，以制定全国长期供水计划。通过专家咨询，最后经政府批准实施。

根据日本水资源开发促进法，有关水资源的开发由内阁总理大臣组织制定基本计划，有关管理事宜由经济企划厅处理。综合利用水利工程由国家和县进行建设，由国家负担费用或给予补助。工程项目的勘测、设计、施工和管理等工作，由各省、厅交给水资源开发公团或地方承担。开发公团为由政府出资的半官方的机构，负责工程的新建和改建，以及维修、管理等。

日本河流受地形、地质和气候条件影响，大部河流流程短，流域面积小，最长河流信浓川仅 367km，流域面积在 5000km^2 以上河流仅有 10 条。根据日本河川法规定，按每个水系河流在国民经济中的地位和重要性，将全国水系和河流划分为一级水系、二级水系、次要河流和普通河流。全国一级水系有 109 个，由建设省负责；二级水系有 2636 个，由都、道、府、县负责；其余次要河流，由市、町、村负责。

日本年降水量虽较为丰富（1788mm），但人均水资源拥有量并不多。由于工业高速发展，人口向大城市集中，城市用水急剧增加，水资源污染严重。近些年由于气候干旱，缺水更趋严重；地下水超采，地下水盐化也有发生。为解决水资源短缺，日本采取的措施有：①积极开发水资源，多方投资修建多目标水库、地下水库，人工补给地下水以及海水淡化等；②合理用水与节约用水，工业采用循环用水，农田灌溉渠道进行防渗，生活用水推广节水器具；③防治水污染，加强水质管理，控制废水排放，建设集中污水处理场等。

四、印度水资源管理概况

印度的水资源开发，如灌溉、排水、防洪等工程由各邦负责管理，而中央政府负责协调邦际河流的流域开发，并制定相应的邦际水协议。中央政府在灌溉方面的权力是有限的，而在水力发电和航运上可起主导作用。在正常情况下，一切工程的规划设计由邦政府根据计委的指示编制，由中央和地方政府负责筹款。中央水委员会和中央动力总局是技术咨询机构。灌溉和水电工程由各邦的公共工程部负责施工。

（一）国家水资源委员会

该委员会成立于 1983 年 3 月。委员会是以印度总理为首、由各有关部和邦的负责官员为成员组成的高级组织机构，其职责是：①具体制定和监督实施国家水政策，确保水资源的开发利用与国家的最高利益相一致；②研究并审查水资源开发计划；③解决各邦之间在水资源开发计划的制定或执行期间可能出现的争执；④对水资源的合理分配和利用及其管理机构和法规提出建议。

（二）中央水委员会

该委员会的职责是：制定和协调邦政府在水资源开发方面的规划、设计施工和管理等各项工作，并负责技术交流和国际合作，它同时也是技术咨询机构。该委员会还负责评估水利工程施工期间和竣工之后的技术经济可行性与工程管理。

（三）水资源部

水资源部原称灌溉部。水资源部主要负责灌溉工程的建设和管理。各邦设有灌溉局，具体工程的建设和管理一般由邦灌溉局负责，大、中型工程和涉及两个邦以上的工程，均需经水资源部批准。

（四）农业部

农业部负责田间渠道、田间道路、土地平整、农田灌溉技术等管理工作，水土保持工作也由它负责。

（五）中央水污染防治与控制局

这是根据 1974 年印度国会制定的水法有关污染防治与控制的条例成立的，同时还在各邦设立了邦水污染防治与控制局。

（六）中央地下水管理局

这是一国家级组织。中央地下水管理局主要承担大规模的地下水查勘、评价、开发和管理的任务。对于地下水开发中少量的细部勘查工作和小型工程规划，则由各邦地下水协会负责。

（七）联邦防洪局

联邦防洪局的主要职能是主管防洪规划和管理。根据印度宪法规定，印度的防洪设施由各邦负责修建，由政府提供贷款或投资。印度各邦设有防洪局，各大河流域机构设有防洪委员会。

第三章　水资源估算

第一节　自然界的水循环与水量平衡

一、自然界的水循环

地球表面积约为 5.10 亿 km^2，其中海洋面积约为 3.61 亿 km^2，占地球表面积的 70.8%，加上高山和极地的冰雪覆盖，以及众多的湖泊、河流，整个地球四分之三的面积都是水，故地球有“水的行星”之称。

大气水、地表水、地下水构成地球上的水圈。根据现有资料估计，水圈内全部水体的总储量为 138.6 亿 m^3。其中 96.5% 的水量集中在海洋。

自然界的水体在太阳辐射热和地心引力作用下，形成自然界的水循环，不断运动变化。水在太阳热能作用下，从海面、河湖表面、岩土表面、植物叶面等不断蒸发，变成水汽上升到大气层中。大气层中的水汽随气流转移，在适当条件下凝结成液态或固态，以不同的形式（雨、露、霜、雪、雹等）降落到地球表面。降水的一部分就地又蒸发，一部分在重力作用下沿陆地表面流动，形成地表径流而汇入海洋；另一部分沿岩石空隙渗入地下成为地下水。地下水在流动过程中又以蒸发形式排入大气圈，以及以径流的形式汇入河、湖、海洋。这种蒸发、降水、径流的过程形成了自然界水循环系统（见图 3-1）。将这种周而复始的运行过程称为水循环。

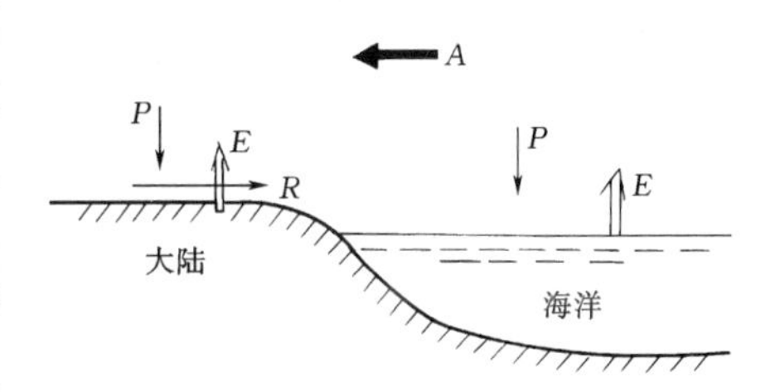

图 3-1　自然界的水循环示意图
P—降水量；E—蒸发量；R—径流量；
A—从海洋到陆地的水汽净输送量

水分蒸发从海洋到陆地，降水后又以径流的形式返回海洋，这种发生在海陆之间的水循环称为大循环。陆地（或海洋）蒸发的水分，又重新以降水的形式回到陆地（或海洋），这种蒸发、降水的循环称为小循环。

二、地球上的水量平衡

水量平衡是指自然界的水分循环量，大体上为一相对稳定值，地球上总的蒸发量与总的降水量的多年平均值是相等的。海洋和陆地上，在多年期间水量并无明显的增减。

（一）对于陆地

一年内陆地水量平衡方程为

$$P_c = E_c + R + \Delta U \qquad (3-1)$$

式中：P_c 为陆面降水；R 为径流量；E_c 为陆地蒸发；ΔU 为 1 年内陆地蓄水的增减量，ΔU 为正值表明陆地蓄水增加，ΔU 为负值表明陆地蓄水减少。

就长期平均情况，ΔU 有正有负，$\sum \Delta U = 0$ 则得

$$\overline{P}_c = \overline{R} + \overline{E}_c \qquad (3-2)$$

式中：$\overline{P}_c$、$\overline{R}$ 及 $\overline{E}_c$ 为多年平均值。

（二）对于海洋

$$\overline{P}_m = \overline{E}_m - \overline{R} \tag{3-3}$$

式中：$\overline{P}_m$ 为海面降雨多年平均值；$\overline{E}_m$ 为海面蒸发多年平均值。

（三）对于全球

$$\overline{E}_c + \overline{E}_m = \overline{P}_c + \overline{P}_m \quad 或 \quad \overline{P} = \overline{E} \tag{3-4}$$

式（3-4）说明，就长期而言，地球上的总降水量等于总蒸发量。

表3-1为地球水量平衡各要素数值。

表3-1　地球水量平衡表

地表部位	面积（亿km）^{2}	多年平均降水量		多年平均蒸发量		多年平均入海径流量	
		mm	km^3	mm	km^3	mm	km^3
陆地	1.49	800	119000	485	72000	315	47000
海洋	3.61	1270	458000	1400	505000	130	47000
全球	5.10	1130	577000	1130	577000		

三、径流及径流量

降落在流域内的雨水扣除损失后为净雨，净雨通过地面或地下的途径汇入河网，流出出口断面的过程为径流过程。流出的水量为径流量，简称径流。

当雨强大于入渗率，一部分雨水按入渗率入渗，多余的部分则在地面形成坡面漫流，注入河槽成为地面径流。入渗的雨水一部分容蓄于土壤中，以后逐渐蒸发；另一部分则渗入地下水中，以渗流方式流动，注入河道成为地下水径流。地下径流又可分为浅层地下径流和深层地下径流，当透水层中间有不透水层隔开时，其上为浅层地下水，也称为潜水，其下为深层地下水。

地下径流的产流、汇流过程是由降雨引起的，地下产流要比地面产流迟，地下汇流过程比地面汇流过程长，变化幅度小。

第二节　天然径流的估算方法

一、水资源总量概念

地表水、土壤水、地下水是陆地上普遍存在的三种水体。

地表水主要有河流水和湖泊水，由大气降水、高山冰川融水和地下水所补给，以河川径流、水面蒸发、土壤入渗的形式排泄。

土壤水为存在包气带的水量，上面承受降水和地表水的补给，主要消耗于土壤蒸发和植物散发，一般是在土壤含水量超过田间持水量的情况下才下渗补给地下水或形成壤中流汇入河川，所以它具有供给植物水分并连通地表水和地下水的作用。由此可见，降水、地表水、土壤水、地下水之间存在一定的转化关系。

在一个区域内，如果把地表水、土壤水、地下水作为一个整体来看，则天然情况下的总补给量为降水量，总排泄量为河川径流量、总蒸散发量、地下潜流量之和。总补给量与总排泄量之差为区域内地表、土壤、地下的蓄水变量。一定时段内的区域水量平衡公式为

$$P = R + E + U_g \pm \Delta U \tag{3-5}$$

式中：P 为降水量；R 为河川径流量；E 为总蒸散发量；U_g 为地下潜流量；ΔU 为地表、土壤、地下的蓄水变量。

在多年均衡情况下蓄变量可以忽略不计，式（3-5）可简化为

$$P = R + E + U_g \tag{3-6}$$

可将河川径流量划分为地表径流量 R_s 和河川基流量 R_g，将总蒸散发量划分为地表蒸散发量 E_s 和潜水蒸发量 E_g。于是式（3-6）可改写为

$$P = R_s + R_g + E_s + E_g + U_g \tag{3-7}$$

根据地下水的多年平均补给量与多年平均排泄量相等的原理，在没有外区来水的情况下，区域内地下水的降水入渗补给量应为河川基流量、潜水蒸发量、地下潜流量等三项之和，即

$$U_p = R_g + E_g + U_g \tag{3-8}$$

式中：U_p 为降水入渗补给量；其他符号意义同前。

将式（3-8）代入式（3-7），得区域内降水与地表径流、地下径流，地表蒸散发的平衡关系，即

$$P = R_s + U_p + E_s \tag{3-9}$$

以 W 代表区域水资源总量，它应等于当地降水形成的地表、地下的产水量之和，即

$$W = P - E_s = R_s + U_p \tag{3-10}$$

或

$$W = R + E_g + U_g \tag{3-11}$$

式（3-10）和式（3-11）是将地表水和地下水统一考虑的区域水资源总量计算公式，前者把河川基流量归并入地下水补给量中，后者把河川基流量归并入河川径流量中，可以避免水量的重复计算。潜水蒸发可以由地下水开采而夺取，故把它作为水资源量的组成部分。

在实际工作中，由于资料条件的限制，直接采用式（3-10）和式（3-11）计算区域水资源总量比较复杂，而是将地表水和地下水分别计算，再扣除两者的重复计算量来计算水资源总量。

二、水资源总量估算

地表水和地下水是水资源的两种表现形式，它们之间互相联系而又相互转化。由于河川径流量中包括一部分地下水排泄量，而地下水补给量中又包括了一部分地表水的入渗量，因此将河川径流量与地下水补给量两者简单地相加作为水资源总量，成果必然偏大，只有扣除两者之间的重复水量才等于真正的水资源总量。据此，一定区域多年平均水资源总量计算公式为

$$W = R + Q - D \tag{3-12}$$

式中：W 为多年平均水资源总量（亿 m^3）；R 为地表水资源量（多年平均河川径流量）

（亿 m^3）；Q 为地下水资源量（多年平均地下水补给量）（亿 m^3）；D 为地表水和地下水互相转化的重复水量（多年平均河川径流量与多年平均地下水补给量之间的重复量）（亿 m^3）。

若区域内的地貌条件既包括山丘区，又包括平原区，在计算区域多年平均水资源总量时，应首先将计算区域划分为山丘区和平原区两大地貌单元，分别计算式（3－12）中各项。

（一）多年平均河川径流量计算

多年平均河川径流量计算方法有：代表站法、等值线法、年降水径流关系法。

1. 代表站法

在设计区域内，选择一个或几个基本能够控制全区、实测径流资料系列较长并具有足够精度的代表站，从径流形成条件的相似性出发，把代表站的年径流量，按面积比的方法移用到设计区域范围内，推算出区域多年平均年径流量。

2. 等值线法

在区域面积不大，并且缺乏实测径流资料的情况下，可以借用包括该区在内的较大面积的多年平均年径流深及年径流变差系数等值线，计算区域多年平均年径流量。

3. 年降水径流关系法

在代表区域内，选择具有充分实测年降水、年径流资料的分析代表站，统计逐年面平均降水量、年径流深，建立年降水径流关系。如果设计区域与代表流域的自然地理条件比较接近，即可依据设计区域实测逐年面平均降水量，在年降水径流关系图上查得逐年径流深，乘以区域面积得逐年年径流量，其算术平均值即为多年平均年径流量。

（二）多年平均地下水补给量计算

山丘区和平原区地下水的补给方式不同，其计算方法不同，须分别计算。

1. 山丘区地下水补给量计算

由于受到资料条件的限制，目前难以直接计算山丘区地下水补给量，故一般可根据多年平均总补给量等于总排泄量的原理，以山丘区地下水的排泄量近似作为补给量，计算公式为

$$Q_m = R_{gm} + R_u + U_{k1} + Q_s + E_g + q \tag{3-13}$$

式中：Q_m 为山丘区多年平均地下水补给量（亿 m^3）；R_{gm} 为多年平均河川基流量（亿 m^3）；R_u 为多年平均河川潜流量（亿 m^3）；U_{k1} 为多年平均山前侧向流出量（亿 m^3）；Q_s 为未计入河川径流的多年平均山前泉水出露量（亿 m^3）；E_g 为多年平均潜水蒸发量（亿 m^3）；q 为多年平均实际开采的净消耗量（亿 m^3）。

据分析，R_u、U_{k1}、Q_s、E_g、q 一般所占比重较小，如我国北方山丘区，以上五项之和仅占山丘区地下水总补量的 8.5%，而 R_{gm} 则占 91.5%。

2. 平原区地下水补给量计算

计算公式为

$$Q_f = U_p + U_r + U_{k2} + U_c + U_d + U_f + U_{j1} + q_m \tag{3-14}$$

式中：Q_f 为平原区多年平均地下水补给量（亿 m^3）；U_p 为多年平均降水入渗补给量（亿

m³)；U_r 为多年平均河道渗漏补给量（亿 m³）；U_{k2}为多年平均山前侧向流入补给量（亿 m³）；U_c 为多年平均渠系渗漏补给量（亿 m³）；U_d 为多年平均水库（湖泊、闸坝）蓄水渗漏补给量（亿 m³）；U_f 为多年平均渠灌田间入渗补给量（亿 m³）；U_{j1}为多年平均越流补给量（亿 m³）；q_m 为多年平均人工回灌补给量（亿 m³）。

降水入渗补给量 U_p 是平原区地下水的重要来源，主要取决于降水量、包气带岩性和地下水埋深等因素。

U_r、U_e、U_c、U_f、q_m 分别为山丘区河川径流流经平原时（有时也包括平原区河川径流本身）的入渗补给量和人工回灌补给量。U_{k2}也为山丘区山前侧向流出量（$U_{k1}=U_{k2}$）。U_{j1}为深层地下水的越流补给量。

据分析，我国北方平原区降水入渗补给量 U_p 占平原区地下水总补给量的 53%，山丘区河川径流流经平原时的补给量 U_r、U_c、U_d、U_f、q_m 占 43%，山前侧向流入补给量 U_{k2}占 4%，U_{j1}可忽略不计。

（三）重复水量计算

对既有山丘区又有平原区两种地貌单元的区域、河川径流与地下水的补排关系，如图 3－2 所示。

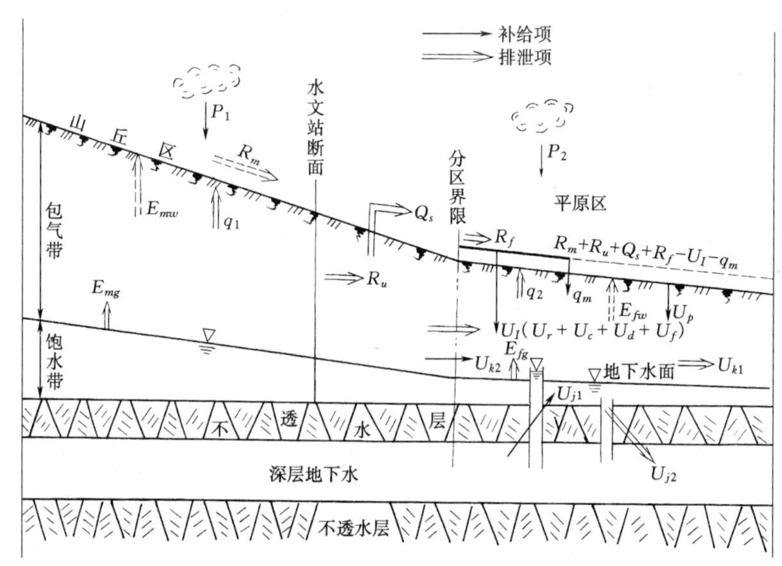

图 3－2　山丘区、平原区河川径流与地下水补排关系示意图

P_1—山丘区降雨量；P_2—平原区降雨量；E_{mw}—山丘区包气带多年平均潜水蒸发量；E_{mg}—山丘区多年平均潜水蒸发量；E_{fw}—平原区包气带多年平均潜水蒸发量；E_{fg}—平原区多年平均潜水蒸发量；U_I—各种渗漏补给量；q_1—山丘区多年平均实际开采的净消耗量；q_2—平原区多年平均实际开采的净消耗量

由图 3－2 可见，如果分别计算山丘区和平原区的河川径流量与地下水补给量，再根据式（3－12）计算全区域（山丘区＋平原区）的水资源总量，将有一部分水量被重复计算，重复水量如图 3－3 中箭头所示。

从图 3－3 中可看出，重复水量包括以下几项：

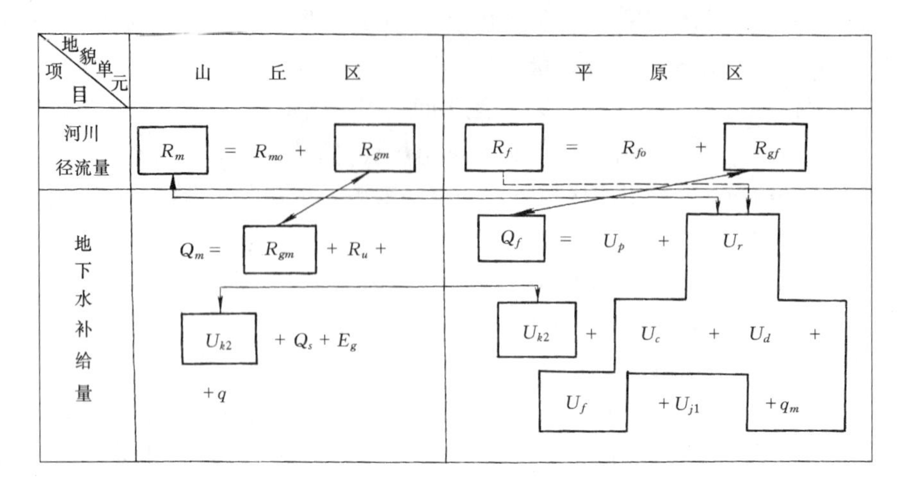

图 3-3 不同地貌单元重复水量示意图

R_m、R_f—山丘区、平原区多年平均河川径流量；R_{mo}、R_{fo}—山丘区、平原区多年平均地表径流量；箭头标明的项目为重复水量

（1）山丘区河川径流量与地下水补给量之间的重复量，即山丘区河川基流量 R_{gm}。

（2）平原区河川径流量与地下水补给量之间的重复量，即平原区河川基流量 R_{gf}，有时还包括来自平原区河川径流量的 U_r、U_c、U_d、U_f 和 q_m，如图 3-3 中的虚线所示。

（3）山丘区河川径流量与平原区地下水补给量之间的重复量，即山丘区河川径流流经平原时对地下水的补给量，包括 U_r、U_c、U_d、U_f 和 q_m。

（4）山前侧向补给量 U_{k2}，是山丘区流入平原区的地下径流，属于山丘区、平原区地下水本身的重复量。

（四）多年平均水资源总量计算

若计算区域包括山丘区和平原区两大地貌单元，式（3-12）可改写为

$$W = (R_m + R_f) + (Q_m + Q_f) - D \qquad (3-15)$$

式中符号意义同前。

重复水量 D 等于 R_{gm}、R_{gf}、U_r、U_c、U_d、U_f、q_m 与 U_{k2} 各项之和，将其代入式（3-15）并整理得

$$W = R_m + R_f + R_u + U_{k1} + Q_s + E_g + q + U_p + U_{j1} - R_{gf} \qquad (3-16)$$

式中符号意义同前。

在山丘区、平原区多年平均河川径流量及地下水补给量各项分量算得的基础上，根据式（3-16）即可推求全区域多年平均水资源总量。

由式（3-13）得

$$Q_m - R_{gm} = R_u + U_{k1} + Q_s + E_g + q \qquad (3-17)$$

将式（3-17）代入式（3-16）并整理得

$$W = R_{m0} + R_{f0} + Q_m + U_p + U_{j1} \qquad (3-18)$$

式中符号意义同前。

式（3-18）表明，区域多年平均水资源总量也等于山丘区、平原区多年平均地表径

流量与山丘区地下水补给量、平原区降水入渗补给量、平原区地下水越流补给量之和。

第三节 地 下 水 资 源

地下水资源是指有利用价值的，本身又具有不断更替能力的各种地下水量的总称。它属于地球整个水资源的一部分。地下水利用价值包括水质和水量两个方面，地下水能够构成资源首先是因为它有利用价值，这是由质来决定的，而来源多少是由量来体现的。

一、地下水的循环

除了极少数地下水以外，绝大多数地下水都是在不断地演化和继续形成的，也就是它不断地接受补给、流动和排泄。这种持续的水交替过程就是地下水的形成过程。

地下水由大气降水、地表水的渗入而得到补给，流经地下，最后又排泄入地表水和大气中，这一地下水获得补给、产生径流、进行排泄的往复过程形成地下水的水循环系统，它是自然界水循环系统的一部分。

（一）地下水的补给

大气降水的渗入、地表水的渗入是地下水主要的补给来源，此外还有大气中水汽和包气带岩石空隙中水汽的凝结补给，以及人工补给。

1．大气降水的渗入补给

大气降水到达地表以后，便向岩石、土壤的空隙中渗入，当降雨强度超过入渗强度，则多余的水便形成地表径流；入渗到岩石和土壤中的那部分降水并不是全部都能补给地下水，当降雨强度过小、延续时间短，则水分下渗只能湿润包气带，地下水得不到补给；而只有当包气带的毛细空隙完全被水充满时，才能形成重力水的连续下渗，而不断地补给地下水，包气带岩石透水性好、厚度小、地形平坦、植被良好，则入渗作用就强，地下水获得的补给就多。

2．地表水的渗入补给

地表水包括江、湖、河、海、水渠、水库等一切地表汇集的水体，这些地表水在一定条件下均可补给地下水。

河水补给地下水，其补给情况及补给量的大小取决于河水位与地下水位的高差、河床下部岩石透水性的强弱、河床湿润大小、河床过水时间的长短。

3．水气凝结补给

储藏在岩石空隙中的水汽，当地温趋于露点时，水汽便凝成液态补给地下水，称为凝结水补给。

4．人工补给

人工修建水库、渠道，进行农业灌溉、生产，生活排水等渗入地下，均可造成对地下水补给。

（二）地下水的排泄

地下水通过泉水溢出、向地表水泄流、蒸发及人工排泄等形式向外排泄，消耗地下水量的这一过程称为地下水排泄。

（三）地下水的径流

地下水在重力或压力差作用下，从高水位到低水位、从补给区向排泄区运动，形成了地下水的径流。

地下水与地表水不同，地下水的运动是在岩石空隙中进行的，这种运动称为渗透。地下水的运动由于受到介质的阻滞，其运动速度远较地表水缓慢得多。

可用地下径流模数 M（或称地下径流率）说明地下径流量的大小。

径流模数 M 的计算式为

$$M = \frac{Q \times 10^3}{365 \times 864 \times F} \quad [\mathrm{L/(s \cdot km^2)}] \tag{3-19}$$

式中：Q 为一年内的地下径流总量（m^3）；F 为含水层的分布面积或地下径流流域的面积（km^2）。

地下径流模数不仅反映径流的强弱，还可以用来评价水资源。

二、地下水资源评价

进行地下水资源评价的目的在于合理地充分地开发利用地下水资源。所谓地下水资源评价，主要指在水质评价的前提下对水量的评价，因此，对地下水资源进行评价主要解决以下三个问题：①在一定的技术条件下，从含水系统中能取出多少水量，取出的水量有无补给保证；②水的质量是否满足要求；③取用地下水后对环境产生的影响和危害及其预防措施。

这里主要着重于介绍对地下水资源水量进行评价。

（一）地下水资源分类

根据供水水文地质勘察规范中提出的地下水资源分类方法，将地下水资源划分为“补给量”、“储存量”和“允许开采量”三大类。

（1）补给量　是指通过边界进入含水系统的水量，它包括大气降水渗入量、侧向地下水流入量、地表水渗入量、其他含水层越流补给量、人工增加的补给量等。

（2）储存量　是指某一时刻储存于含水系统中的水体，按其性质可分为容积储存量和弹性储存量。前者是在常压下，实际容纳在潜水或承压水含水系统中重力水的体积；后者是在开采时的压力降低情况下，由含水系统的储容介质弹性压缩，及水的弹性膨胀所释放出来的水量。储存量随着补、排量的变化而发生变化。

（3）允许开采量　是指通过技术经济合理的取水建筑物，在整个开采期内出水量不能明显减少，地下水动水位不超过设计要求，水质和水温变化在允许范围内，不影响邻近已有水源地的正常开采，不发生危害性工程地质现象为前提，单位时间内以最优取水方案可以取出的最大水量。

地下水是在不断补给和消耗中形成和发展的。天然状态下，地下水补给和消耗处于不断变化的动平衡中。人工开采以后，地下水从天然动态向开采动态转化，达到开采条件下的新平衡。所以在开采前后，任何时刻任何地段的地下水，普遍地由补给量、储存量和排泄量三部分组成。

（二）地下水补给量、排泄量、储存量和可开采量的计算

1．山丘区地下水总补给量和总排泄量的计算

（1）山丘区地下水总补给量计算　如前所述，根据多年平均总补给量等于总排泄量的

原理，用地下水的排泄量近似作为地下水补给量。因此，对于山丘区来说主要是进行地下水排泄量的计算。

（2）山丘区地下水总排泄量的计算　山丘区地下水总排泄量包括河川基流量、河床潜流量、山前侧向流出量、未计入河川径流的山前泉水出露总量、山间盆地潜水蒸发量、浅层地下水实际开采的净消耗量等项，其各项计算方法如下：

1）河川基流量 R_g 的计算。当地面径流消退完后，由地下水继续补给河流中的那一部分流量称为基流。出口断面的实测流量过程包括了地面和地下径流两部分，地下这部分即为基流。因此，可用直线斜割法分割河流流量年过程线（见图 3-4），自起涨点 a 至峰后无雨情况下退水段的转折点 b（又称拐点）处，以直线相连，直线以下部分即为河川基流量。退水转折点 b 可用综合退水曲线法确定，即绘制逐年日平均流量过程线，选择峰后无雨、退水时间较长的退水段若干条，将各退水段在水平方向上移动，使尾部重合，作出下包线即为综合退水曲线。把综合退水曲线绘在透明纸上，再在欲分割的流量过程线上水平移动，使其与实测流量过程线退水段尾部相重合，两条曲线的分叉处即为退水转折点 b。

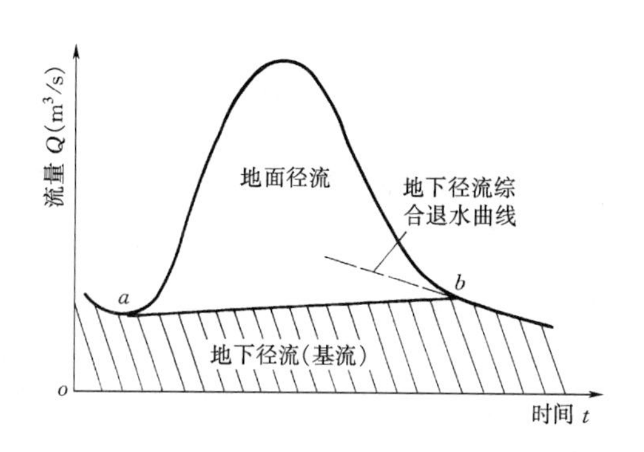

图 3-4　直线斜割法示意图

2）河床潜流量 R_u 的计算。地下径流可分为浅层地下径流和深层地下径流，当透水层中间有不透水层隔开时，其上为浅层地下水，其下为深层地下水。所以，潜水是埋藏于地表以下、第一个稳定的隔水层以上具有自由水面的重力水。当河床中有松散沉积物时，松散沉积物中的径流量称为河床潜流量。河床潜流量未被水文站所测得，即未包括在河川径流量或河川基流量中，故应单独计算。计算公式为

$$R_u = KIFT \tag{3-20}$$

式中：R_u 为河床潜流量（m^3）；K 为渗透系数（m/d）；I 为水力坡度，一般用河底坡度代替；F 为垂直于地下水流方向的河床潜流过水断面面积（m^2）；T 为河道或河段过水时间（d）。

3）山前侧向流出量 U_k 的计算。指山丘区地下水通过裂隙、断层或溶洞以潜流形式直接补给平原沉积层的水量，计算方法与平原区山前侧向流入补给量计算方法相同。

4）未计入河川径流的山前泉水出露量 Q_s 的计算。山体中的地下水，沿裂隙、断层或溶洞向平原流动，在山丘区与平原区的交界带，受地形落差的影响，山丘区地下水出露地表，形成泉水。有些泉水通过地表水泄入河道，这部分泉水已被下游河道水文站测到，包括在分割的河川基流之中。而有些泉不泄入河道，在当地自行消耗，这部分泉水的总和称为未计入河川径流的山前泉水出露量。这一出露量可采用调查分析和统计的方法进行计算。在调查分析中应注意如下几点：①选择流量较大，水文地质边界清楚，有代表性的泉进行调查分析。若某泉代表性较好，但缺乏实测流量资料，则应进行泉水流量的观测，以取得分析区域内完整的泉水出露量资料；②若泉水受多年降水补给的影响，分析计算泉水

流量与降水量关系时，应当以当年和以前若干年的降水资料作为分析依据；③对已经开发利用的泉水，除应调查现状泉水流量外，还应调查开采量，并将其还原计入现状泉水流量中，以取得天然情况下的泉水流量；④若所调查的泉水流量已包括在河川径流量中，则应在分析计算重复水量时加以说明，并将重复部分的泉水单独列出。

5）山间盆地潜水蒸发量 E_g 的计算。计算方法与平原区潜水蒸发量计算方法相同。

6）浅层地下水实际开采的净消耗量 q 的计算。计算公式为

$$q = q_1(1 - \beta_1) + q_2(1 - \beta_2) \tag{3-21}$$

式中：q 为浅层地下水实际开采的净消耗量（亿 m^3）；q_1、q_2 为用于农田灌溉、工业及城市生活的浅层地下水实际开采量（亿 m^3）；β_1、β_2 为井灌回归系数、工业用水回归系数。

对于我国南方降水量较大的山丘区，上述 2）～6）项资源量相对较小，一般可不予计算。而第 1）项基流占的比重较大。

2．平原区地下水总补给量和总排泄量的计算

平原区地下水资源是指地下水矿化度小于 2g/L 的平原淡水区的地下水资源。

平原区又分为北方平原区（指黑龙江、辽河、海滦河、黄河、淮河、内陆河等六流域片），南方平原区（指长江、珠江、浙闽台诸河、西南诸河等四流域片）。

平原区地下水资源可以通过计算总补给量或总排泄量的途径获得。在有条件的地区，也可同时计算两个量，以便互相验证。另外在平原区地下水资源计算中，一般尚需计算可开采量，以便为水资源供需分析提供依据。

由于平原区的资料条件不同，计算方法和要求亦不尽相同，故对北方平原区、南方平原区分别叙述。

（1）北方平原区地下水总补给量的计算　北方平原区地下水总补给量，包括降水入渗补给量、河道渗漏补给量、山前侧向流入补给量、渠系渗漏补给量、水库（湖泊及闸坝）蓄水渗漏补给量、渠灌田间入渗补给量、越流补给量、人工回灌补给量等项，其各项计算方法如下。

1）降水入渗补给量 U_p 的计算。这是指当地降水平均年入渗补给地下水的水量，包括地表坡面漫流和填洼水渗入到土壤，并在重力作用下渗透补给含水层的水量。它是浅层地下水的重要补给来源（干旱区例外），计算公式为

$$U_P = 10^{-5} P\alpha F \tag{3-22}$$

式中：U_P 为年降水入渗补给量（亿 m^3）；P 为多年平均降水量（mm）；α 为多年平均年降水入渗补给系数；F 为接受降水入渗补给的计算面积（km^2）。

2）河道渗漏补给量 U_r 的计算。当江河水位高于两岸地下水位时，河水渗入补给地下水的水量，应对每条骨干河道的水文特性和两岸地下水位变化情况进行分析，确定年内河水补给地下水的河段，逐段进行年内河道渗漏补给量计算。具体计算时可采用地下水动力学法中剖面法计算，计算公式为

$$U_r = 10^{-8} KIFLT \tag{3-23}$$

式中：U_r 为单侧河道渗漏补给量（亿 m^3）；K 为渗透系数（m/d）；I 为垂直于剖面方向上的水力坡度；F 为单位长度河道垂直地下水流方向的剖面面积（m^2/m）；L 为河道或河

段长度（m）；T 为河道或河段渗漏时间（d/a）。

当河水位变化稳定时，对于岸边有钻孔资料的河流，可沿河道岸边切割渗流剖面，根据钻孔水位和河水位确定垂直于部面的水力坡度。若河道（段）两岸水文地质相同，则以上式之 2 倍为该河道（段）渗漏补给量。

计算深度应是河水渗漏补给地下水的影响带的深度。当剖面为多层岩性结构时，K 值应取计算深度内各岩层渗透系数的加权平均值。

3）山前侧向流入补给量 U_k 的计算。指山丘区山前地下水以地下径流的形式补给平原区浅层地下水的水量，计算公式为

$$U_k = 10^{-8} KIFLT \tag{3-24}$$

式中符号意义同前。

计算剖面应尽可能选在山丘区与平原区交界处，剖面方向应与地下水流向相垂直。水力坡度 I 值可选用平水年上下游浅层地下水水头差计算。若水力坡度小于 1/5000，可不计算山前侧向补给量。

4）渠系渗漏补给量 U_c 及渠灌田间入渗补给量 U_f 的计算。渠系渗漏补给量 U_c：指干、支、斗、农、毛各级渠道在输水过程中，对地下水的渗漏补给量，由于渠道水位一般高于两岸地下水位，所以渠道输水对地下水产生渗漏补给。可采用渠系渗漏补给系数法计算，计算公式为

$$U_c = mW = r(1-\eta)W \tag{3-25}$$

式中：U_c 为渠系渗漏补给量（亿 m^3）；m 为渠系入渗补给系数；W 为渠首引水量（亿 m^3）；r 为渠系渗漏补给地下水系数；η 为渠系有效利用系数。

渠灌田间入渗补给量 U_f：指灌溉水进入田间后，经过包气带渗漏补给地下水的水量，可用渠灌进入田间的水量乘以渠灌田间入渗补给系数求得，计算公式为

$$U_f = \beta W \tag{3-26}$$

式中：U_f 为渠灌田间入渗补给量（亿 m^3）；β 为渠灌田间入渗补给系数；W 为渠灌进入田间的水量（亿 m^3）。

5）水库（湖泊、闸坝）蓄水渗漏补给量 U_d 的计算。计算公式为

$$U_d = W_1 + P_d - E_d - W_2 \pm \Delta W \tag{3-27}$$

式中：U_d 为水库（湖泊、闸坝）蓄水渗漏补给量（亿 m^3）；W_1 为进入水库（湖泊、闸坝）的水量（亿 m^3）；P_d 为水库（湖泊、闸坝）水面上的降水量（亿 m^3）；E_d 为水库（湖泊、闸坝）的水面蒸发量（亿 m^3）；W_2 为水库（湖泊、闸坝）的出库水量，包括溢流量、灌溉引水量和经坝体渗入下游河道的水量等（亿 m^3）；ΔW 为水库（湖泊、闸坝）的蓄水变量（减少为正值，增加为负值）（亿 m^3）。

6）越流补给量 U_j 的计算。越流补给量又称越层补给量，主要指深层地下水水头高于浅层地下水水头的情况下，深层地下水通过弱透水层对浅层地下水的补给，计算公式为

$$U_j = 10^{-2} \Delta HFTK_e \tag{3-28}$$

式中：U_j 为越流补给量（亿 m^3）；ΔH 为压力水头差（深层地下水水头与浅层地下水水头差，(m)；T 为时段（一般取 365d）；K_e 为越流系数（弱透水层的渗透系数/弱透水层

厚度）（m·d/m）。

7）人工回灌补给量 q_m 的计算。指通过井孔、河渠、坑塘或田面，人为地将地表水灌入地下，补给浅层地下水的水量。目前尚未大面积推广，多为专业单位进行科学试验。这可直接采用试验成果，不需另作计算。

在补给量计算中除以上 7 项外，有时还要计算井灌回归补给量。这是指井灌区提取地下水灌溉，灌溉水下渗补给地下水的水量。这一补给量可用地下水实际开采量中用于井灌部分乘以井灌回归补给系数求得。另外越流补给量及人工回灌补给量一般相对较小，且资料不易齐全，故也可忽略不计。

（2）南方平原区地下水总补给量的计算　南方平原区河渠纵横，雨量充沛，地下水埋藏较浅，以垂直补给为主，即以降水和灌溉入渗为主。

南方平原区补给量的计算分水稻田和旱地两种情况，水稻田又分为生长期（包括泡田期）和旱作期两个阶段。

因此，南方平原区地下水总补给量包括旱地降水入渗补给量、河道渗漏补给量、山前侧渗补给量、旱地渠系渗漏补给量、旱地渠灌田间入渗补给量、水库（湖泊、闸坝）蓄水渗漏补给量、井灌回归补给量、水稻田生长期降水入渗和灌溉入渗补给量、水稻田旱作期降水入渗补给量。

其中除河道渗漏补给量、山前侧渗补给量、旱地渠系渗漏补给量、旱地渠灌田间入渗补给量、水库（湖泊及闸坝）蓄水渗漏补给量、井灌回归补给量等项的计算方法同北方平原区外，其他各项计算方法如下。

1）水稻田生长期降水入渗和灌溉入渗补给量 Q_1 的计算。由于水稻田生长期降水和灌溉水对地下水的补给难以区分，可合并按下式计算

$$Q_1 = 10^{-5}\phi F_r T \tag{3-29}$$

式中：Q_1 为水稻田生长期的降水、灌溉入渗补给量（亿 m^3）；ϕ 为水稻田入渗率（mm/d）；F_r 为计算区内水稻田面积（km^2）；T 为水稻生长期（包括泡田期）天数（d）。

Q_1 包括降水入渗和灌溉入渗两部分，可按水稻生长期有效降水量与同期灌溉水量间比例关系，分别确定 Q_1 中的降水入渗补给量和灌溉入渗补给量。

2）水稻田旱作期降水入渗补给量 Q_2 的计算。南方水稻田大部分有一季旱作期，此时期的降水入渗补给量计算公式为

$$Q_2 = 10^{-5}\alpha P_{rd} F_r \tag{3-30}$$

式中：Q_2 为水稻田旱作期降水入渗补给量（亿 m^3）；α 为降水入渗补给系数；P_{rd} 为水稻田面积上旱作期降水量（mm）；F_r 为计算区内水稻田面积（km^2）。

3）旱地降水入渗补给量 Q_3 的计算。除水稻田、水面及房屋、道路等不透水面积外的旱地，其补给量计算公式为

$$Q_3 = 10^{-5}\alpha P_d F_d \tag{3-31}$$

式中：Q_3 为旱地降水入渗补给量（亿 m^3）；α 为降水入渗补给系数；P_d 为旱地面积上的年降水量（mm）；F_d 为旱地面积，包括计算区内荒地、林地等面积（km^2）。

（3）北方平原区地下水总排泄量的计算　按排泄形式，可将排泄量分为潜水蒸发、人

工开采净消耗、河道排泄、侧向流出和越流排泄量等项，计算方法如下。

1）潜水蒸发量 E_g 的计算。潜水蒸发量是指在土壤毛管作用的影响下，浅层地下水沿着毛细管不断上升，形成了潜水蒸发量。潜水蒸发量的大小，主要取决于气候条件、潜水埋深、包气带岩性以及有无作物生长等。采用潜水蒸发系数法计算，计算公式为

$$E_g = 10^{-5}E_0CF \tag{3-32}$$

式中：E_g 为潜水蒸发量（亿 m^3）；E_0 为年水面蒸发量（mm）；C 为潜水蒸发系数；F 为计算面积（km^2）。

一般情况下，陆面蒸发能力愈大，地下水埋深愈浅，潜发蒸发量也愈大。

2）浅层地下水实际开采净消耗量 q 的计算。这是开发利用程度较高地区的一项主要排泄量，包括农业灌溉用水开采净消耗量和工业、城市生活用水开采净消耗量。

农业灌溉用水量，一般采用农田水利部门的实际调查统计成果。在缺乏上述成果时，可采用灌水定额法来确定，计算公式为

$$Q = Q_iFnN \tag{3-33}$$

式中：Q 为农业灌溉用水量（m^3）；Q_i 为灌水定额（m^3/亩）；F 为灌溉面积（亩）；n 为灌水次数；N 为复种指数。

而工业、城市生活用水量系由统计调查取得，例如，可根据城建、地质、环保等部门的实测资料确定。

根据农业灌溉用水量和工业、城市生活用水量及井灌回归系数、工业用水回归系数，可按式（3-21）计算 q 值。

3）河道排泄量 Q_r 的计算当江河水位低于岸边地下水位时，平原区地下水排入河道的水量称为河道排泄量。

采用地下水动力学法计算，为河道渗漏补给量的反运算，计算公式同式（3-23）。

4）侧向流出量 Q_k 的计算。当区外地下水位低于区内地下水位时，通过区域周边流出本计算区的地下水量称为侧向流出量，计算公式同式（3-24）。

5）越流排泄量 U_j 的计算。当浅层地下水位高于当地深层地下水位时，浅层地下水向深层地下水排泄称为越流排泄。计算公式同式（3-28）。

（4）南方平原区地下水总排泄量的计算　南方平原区水稻田生长期（包括泡田期，不包括晒田期），田面呈积水状态，没有潜水蒸发。因此，南方平原区可近似地用河道排泄量与旱地潜水蒸发量、水稻田旱作期潜水蒸发量的总和代表总排泄量，计算方法如下。

1）河道排泄量 Q_r 的计算根据实测或推算的平原区河川径流资料，采用平原区多年平均基流量与多年平均河川径流量的比值，计算平原区多年平均河道排泄量。

有条件时，可根据多年平均河道水位和岸边水井水位资料（无水井时也可用坑塘水位代替）用达西公式计算河道排泄量，为河道渗漏补给量的反运算，计算公式同式（3-23）。

2）潜水蒸发量 E_g 的计算。计算公式为

$$E_g = E_{rd} + E_d \tag{3-34}$$

$$E_{rd} = 10^{-5}E_{ord}CF_r \tag{3-35}$$

$$E_d = 10^{-5} E_{od} C F_d \quad (3-36)$$

式中：E_g 为潜水蒸发量（亿 m^3）；E_{rd} 为水稻田旱作期潜水蒸发量（亿 m^3）；E_d 为旱地面积上潜水蒸发量（亿 m^3）；E_{ord} 为水稻田旱作期水面蒸发量（mm）；C 为潜水蒸发系数；F_r 为水稻田面积（km^2）；E_{od} 为旱地相应地区的水面蒸发量（mm）；F_d 为旱地面积（km^2）。

潜水蒸发系数 C 值，可根据典型地区成果类比移用或根据土壤类型、地下水埋深等选用经验数据。

南方平原区属湿润地区，包气带含水较多，在同样条件下，南方的潜水蒸发小于北方潜水蒸发。

3. 储存量计算

（1）容积储存量 W_1 的计算　是指储存于含水系统（含水层）内的重力水体积。潜水含水层中，储存量的变化主要反映为水体积的变化，所以称之为“容积储存量”，计算公式为

$$W_1 = \mu V \quad (3-37)$$

式中：W_1 为容积储存量（m^3）；μ 为含水层的给水度；V 为含水层体积（m^3）。

（2）弹性储存量 W_2 的计算　在承压含水层中，通过开采减压能释放出来水量称之为“弹性储存量”，计算公式为

$$W_2 = \mu_s F H \quad (3-38)$$

式中：W_2 为弹性储存量（m^3）；μ_s 为弹性给水度，即释放系数；F 为含水层的计算平面面积（m^2）；H 为含水层的压力水头高度（m）。

4. 地下水可开采量的计算

地下水资源受开采条件的限制，往往不能全部被开采利用。因此，需对地下水资源量中的可开采量进行评价。

地下水可开采量是指在经济合理、技术可能和不造成水位持续下降、水质恶化及其他不良后果条件下可供开采的地下水量。地下水可开采量是开发利用地下水资源的一项重要数据。它是在一定限期内既有补给保证，又能从含水层中取出的稳定开采量。要保持稳定的开采量，在开采期间内就要有一定的补给量与之平衡，没有补给保证的开采量，只能代表开采能力，而没有稳定性；同样取不出来的储存量，只能是天然资源，而不是开采资源。

地下水可开采量计算方法很多，但一般不宜采用单一方法，而应同时采用多种方法并将其计算成果进行综合比较，从而合理地确定可开采量。

分析确定可开采量的方法有：实际开采量调查法、开采系数法、多年调节计算法、类比法、平均布井法等。

（1）实际开采量调查法　这适用于浅层地下水开发利用程度较高、开采量调查统计较准、潜水蒸发量较小、水位动态处于相对稳定的地区。若平水年年初、年末浅层地下水位基本相等，则该年浅层地下水实际开采量便可近似地代表多年平均浅层地下水可开采量。例如，北京市 1978 年平原区平均降水量为 674.2mm，接近多年平均降水量（625.1mm），

可视为平水年。根据实际观测资料与机井利用情况调查统计，地下水工农业总开采量为18.8亿m^3，接近于多年平均补给量20.1亿m^3。中心地区、大兴、通县及山前地区，因工业用水集中开采造成了地下水位下降，而平谷、房山、昌平南部和顺义东南部地区，地下水位则上升，故1978年地下水工农业总开采量18.8亿m^3可作为地下水可开采量的近似值。

（2）开采系数法　在浅层地下水有一定开发利用水平的地区，通过对多年平均实际开采量、水位动态特征、现状条件下总补给量等因素的综合分析，确定出合理的开采系数值，则地下水多年平均可开采量等于开采系数与多年平均条件下地下水总补给量的乘积。

在确定地下水开采系数时，应考虑浅层地下水含水层岩性及厚度、单井单位降深出水量、平水年地下水埋深、年变幅、实际开采模数和多年平均总补给模数等因素。

（3）平均布井法　根据当地地下水开采条件，确定单井出水量、影响半径、年开采时间，在计算区内进行平均布井，用这些井的年内开采量代表该区地下水的可开采量，计算公式为

$$Q_{me} = 10^{-8} q_s N t \tag{3-39}$$

$$N = \frac{10^6 F}{F_s} = \frac{10^6 F}{4R^2} \tag{3-40}$$

式中：Q_{me}为多年平均可开采量（亿m^3）；q_s为单井出水量（m^3/h）；N为计算区内平均布井数（眼）；t为机井多年平均开采时间（h）；F为计算区布井面积（km^2）；F_s为单井控制面积（m^2）；R为单井影响半径（m）。

单井出水量的计算，必须在广泛搜集野外抽水试验资料的基础上进行。该法不属于水均衡法，采用此法时应注意与该地区现状条件下多年平均浅层地下水总补给量相验证（一般应小于现状条件下多年平均浅层地下水总补给量）。

（三）地下水开采前后补给量、排泄量、储存量、开采量之间的平衡关系

（1）开采前　一个地下水均衡单元（某一地下水流域、某一含水层的开采地段）内，在开采前的某一时段内地下水的均衡式为

$$Q'_{mf} = Q'_d + \Delta Q_{st} \tag{3-41}$$

式中：Q'_{mf}为地下水的天然补给量；Q'_d为地下水的天然排泄量；ΔQ_{st}为该时段内地下水储存量变化，增加取正值，减少取负值。

多年平均，式（3-41）可近似地表示为

$$Q'_{mf} \approx Q'_d \tag{3-42}$$

（2）开采后　地下水开采后，引起天然状态下补排关系的变化，补给量增加，人工排泄量（即开采量）增加，而天然排泄量（包括蒸发量、地下径流量）减少。因此，天然状态的动平衡被破坏，建立了开采条件下新的平衡。此时，地下水均衡式为

$$Q_{me} = Q_{mf} - Q_d - \Delta Q_{st} \tag{3-43}$$

式中：Q_{me}为地下水开采量；Q_{mf}为地下水开采状态下的补给量；Q_d为地下水开采状态下的排泄量。

开采状态下的Q_{mf}和Q_d与天然状态下的Q'_{mf}和Q'_d之间有如下关系

$$Q_{mf} = Q'_{mf} + \Delta Q_{mf} \tag{3-44}$$

$$Q_d = Q'_d - \Delta Q_d \tag{3-45}$$

式中：ΔQ_{mf}为开采后增加的补给量；ΔQ_d 为开采后减少的天然排泄量。

将式（3-44）、式（3-45）代入式（3-43）得

$$Q_{me} = (Q'_{mf} + \Delta Q_{mf}) - (Q'_d - \Delta Q_d) - \Delta Q_{st} \tag{3-46}$$

考虑到式（3-42），可得到

$$Q_{me} = \Delta Q_{mf} + \Delta Q_d + (-\Delta Q_{st}) \tag{3-47}$$

从式（3-47）可看出，地下水的开采量由增加的补给量、减少的天然排泄量和含水层所提供的一部分储存量三部分组成。式（3-47）中 ΔQ_{st}前的负号表示含水层中储存量的减少。

上述组成开采量的三个部分，在开采过程中并不是固定的。在补给条件良好，且在时间上又较稳定的地方，开采区地下水的降落漏斗扩展到一定程度后，开采量与增加的补给量和减少的天然排泄量之间达到平衡，此时储存量的变化等于零（即 $-\Delta Q_{st}=0$），于是式（3-47）变为

$$Q_{me} = \Delta Q_{mf} + \Delta Q_d \tag{3-48}$$

此时，地下水位不再下降，漏斗趋向稳定，平衡也趋向稳定，地下水由非稳定流动转向稳定流动，成为稳定型水源地。

当地下水补给条件差，增加的天然补给量和减少的天然排泄量不能抵偿开采量时，则需长期消耗储存量。这时，随着开采地下水位持续下降，降落漏斗不断扩大，形成非稳定型水源地。为了补充消耗了的储存量，可采用人工补给方法，使其达到在某一降深下的稳定平衡。

如果一个地方水盆地补给量不大，即使储存晨很大亦是无源之水，长期开采必然导致含水层疏干。反之，虽然含水体规模不大，储存量有限，但补给量丰富，则开采量便可源源不断得到补给，地下水便成了取之不竭的财富。

（四）我国地下水资源量

为了正确计算和评价地下水资源量和正确确定各计算参数，首先应按地形地貌特征划分出平原区和山丘区，这称为一级计算区。再根据次级地形地貌特征及地下水类型将平原区划分为一般平原区、沙漠区、内陆闭合盆地平原区、山间河谷平原区、黄土高原台塬阶地区；按不同岩性将山丘区划分为一般山丘区、岩溶山区、黄土高原丘陵沟壑区，这称为二级计算区。对平原区的各个二级计算区再按包气带和含水层岩性、地下水埋深及矿化度等，划分出若干个计算小区，对山丘区的各个二级计算区再按水文特征划分出若干个计算小区，这称为三级计算区。

不同的计算区反映了不同的地下水赋存条件与分布、运动规律和不同的地下水补给、径流、排泄条件和地下水动态特征。对地下水资源的评价，就是针对上述分区进行的。

1. 平原区地下水资源

平原区地下水资源，指地下水矿化度小于 2g/L 的平原淡水区的地下水资源。

全国地下水计算面积为 8774708km^2，地下水平均年资源量为 8288 亿 m^3。全国平原

区地下水计算面积为1983802km^2，占全国地下水计算面积的22.6%。地下水平均年资源量为1873亿m^3，扣除与山丘区地下水资源量间的重复计算量348亿m^{3}后，占全国地下水资源量的18.4%。

（1）北方平原区地下水资源量　北方平原区地下水计算面积为1799898km^2，地下水平均年资源量为1468亿m^3，占全国平原区地下水资源量的78.4%。

（2）南方平原区地下水资源　南方平原区地下水计算面积为183904km^2，地下水平均年资源量为405亿m^3，占全国平原区地下水资源量的21.6%。

2. 山丘区地下水资源

全国山丘区地下水计算面积为6790906km^2，占全国地下水计算面积的77.4%。地下水平均年资源量为6762亿m^3，占全国地下水资源量的81.6%，其中河川基流量为6599亿m^3，占山丘区地下水资源量的97.6%。

（1）北方山丘区地下水资源量　北方山丘区地下水计算面积为3545455km^2，地下水平均年资源量1411亿m^3，占全国山丘区地下水资源量的20.9%。其中河川基流量为1248亿m^3，占88.5%。

（2）南方山丘区地下水资源量　南方山丘区地下水计算面积为3245451km^2，地下水平均年资源量为5351亿m^3，占全国山丘区地下水资源量的79.1%，均为河川基流量。

三、地下水开发利用的规划与管理

（一）地下水的开发利用规划

1. 规划的原则

地下水的开发利用规划，应在区域或地区统一综合利用各种水利资源规划的前提下进行，上下游同时考虑，并注意防止恶化生态环境。

规划时，要对规划区内各种有关自然条件、技术经济条件作全面的了解。对区内的各用水对象及它们对水质水量的要求调查清楚。再依据客观条件，针对主要规划任务进行全面合理的规划。制定出方案以资比较，从中选择出最佳方案，使规划在技术上先进切实可行，经济上合理，以达节省费用，效果显著。

由于利用地下水灌溉时，多采用各种类型的水井开采地下水，故一般习惯称井灌规划。井灌规划的基本原则是：

1）井灌规划是农田水利规划的重要组成部分，必须因地制宜，即根据当地自然条件的特点，结合农业生产和发展的需要，立足当前、着眼长远，进行全面规划和合理布局。

2）规划中要坚持三水（天上水、地面水和地下水）统管，综合统一利用当地各种水利资源的基本思想。

3）保护与涵养地下水资源，以防衰减水量与恶化水质。

4）集中开采与分散开采相结合。

5）新、旧井相结合。

规划时还要根据当地水文地质条件的特点，布设管理与监测地下水的观测网，以及时开展观测工作。

2. 基本资料收集

要作好一个切合实际、行之有效的井灌规划，必须要有足够和准确的基本资料。

井灌规划所需要的资料，除一部分与地表水灌溉规划基本相同的资料外，还需大量有关地质和水文地质的资料。

通常，井灌规划需如下资料：

1）自然地理概况；2）水文和气象概况；3）水文地质条件；4）农业生产情况和水利现状；5）社会经济情况；6）经济技术条件。

3. 水量平衡计算

水量平衡计算的目的，主要是为了分析和解决规划区内农业生产和其他部门对水的需要量与水源可能供给量之间的矛盾。其中包括平衡计算的基本任务、需水量确定、地下水可开采量的计算和供需水量平衡计算。

（二）地下水开发利用的管理工作

加强地下水开发利用管理工作的目的，是为了经济合理、高效地利用和保护地下水资源，以便更好地为国民经济各项生产服务。

1）要因地制宜，合理开发利用地下水资源，防止局部地区过量超采。一些地区由于地下水实际开采量大于当地的地下水资源量，造成局部地区形成超降漏斗，引起地面沉降，并影响其他区域安全用水。据初步统计，截至1983年底，我国北方平原区已形成浅层地下水降落漏斗40多个，漏斗总面积达1.5万km^2，漏斗中心水位埋深10～40m，地下水位平均年下降0.3～3.4m。有些地区地下水的降落漏斗低于海平面。在这些地区应控制地下水的开发利用，尤其深层地下水，因补给条件差，不宜作为长期、稳定的供水水源。滨海地区，已有局部地区出现海水倒灌，更应注意控制开采地下水。

2）注意回升地下水位引起的致涝和致碱。要正确认识和处理地面水和地下水相互转化的关系。单纯的大量引用地面水灌溉，会引起地下水位上升，发生大面积土壤盐渍化。一般防涝的地下水埋深要求不小于1.5m，防碱的地下水埋深要求不小于1.8～2.3m。

3）利用地下水人工补给，解决地下水资源的不足。地下水人工补给，是解决地下水资源不足的最经济方法之一。当地下水开采量较大，而天然补给量又不足时，不可避免地会引起水位下降、水量不足甚至出现含水层枯竭，在平原地区还会出现咸水入侵及地面沉降等不良后果。为此，采用人工补给办法可以增加地下水资源，从而消除或减轻因过量开采所引起的各种恶果。另外，采取人工补给也是防止地面沉降的有效措施。

4）保护水源防止污染和盐化。工业三废中的废水、废渣和城市污水及垃圾，都会污染水源。有些具有毒害的污染物，如砷、汞、高价铬、镉、苯酚和氯化物等，一旦污染了地下水源，其危害是十分严重的。为此，应设置必要的监测设施，并采取相应的防止污染和净化污水的措施。

第四章　水资源合理调配

第一节　河川径流调节

一、河川径流调节的必要性

（一）河川径流在时间上进行调节的必要性

在天然状态下，河川径流受降水、蒸发、气温等水文气候要素变化的影响，在时间上存在着周期性与随机性的变化规律。

所谓周期性，是指河川径流具有周期、循环变化的特性。例如，每年河流里出现最大和最小流量的具体时间虽不固定，但最大流量都发生在每年多雨的汛期，而最小流量出现在少雨或无雨的枯水期。同样，在年与年之间也存在周期性的变化，即枯水年与丰水年也呈现出循环变化的特性。

所谓随机性，是指河川径流无论什么时候都不会完全重复出现的性质。例如河流某一年的流量变化过程，就不可能与任何其他一年的流量变化过程完全一致。

上述周期性与随机性的组合变化，使得年与年之间、季与季之间水量都不同，且这种差别是相当大的。例如，用丰水年的年径流量与枯水年的年径流量的比值来衡量这种不均匀性，淮河的蚌埠站为13.5倍；滹沱河为14.0倍；永定河为7.4倍。如果以洪峰流量与最小枯水流量相比，则变化更为悬殊。例如，黄河三门峡建库前最小流量小于200m^3/s，而实测最大洪峰流量达23500m^3/s，相差达120余倍；长江下游大通站此值为15倍，虽比较小，而其支流如嘉陵江下游北碚站和清江搬鱼咀站，则分别达150余倍和650余倍。

河川径流这种剧烈变化的来水过程，与国民经济各部门的用水过程极不适应。如居民及工业的给水、农业的灌溉、水电站的发电、鱼道和鱼塘的操作，以及废水净化和水上游乐等，这些用水部门无论是直接耗用水量，或仅利用水的某种性质，都要求有较为固定的供水数量及供水时间。而天然径流与这些用水需求在时间和数量上均不能恰好吻合。例如，我国南方很多流域在水稻插秧期需水较多；我国北方的宁夏、内蒙黄河灌区在每年的4、5月份灌溉用水较多，而此时河川径流量却都很小，满足不了需求。因此，为了充分利用河川水利资源兴利，同时也为了减轻汛期的洪涝灾害，就必须发挥人类的主观能动作用，实施人对河川径流进行控制和调节的管理职能，即人工地对天然径流在时间上进行分配，以达到兴利与除害的目的。

（二）河川径流在空间上进行调节的必要性

河川径流的分布情况和变化特性，常因地区自然条件不同而不同。这种在地区上分布的不平衡性，与国民经济的需要常不适应。例如，就大范围说，我国华北和西北地区雨量较少，水土资源不相平衡。为了充分利用水土资源，进行大范围内的径流调节是必要的。这就是跨流域引水问题。如引（长）江济黄（河），引松济辽，引滦济津等。这种地区间的经济补偿调节，其政治、社会和经济意义往往是很大的，不过工程的投入往往也很可观。

人类在长期的开发利用水资源及防止水害的斗争中，积累了丰富的经验。为了防止水土流失，减少洪水危害，增加流域入渗，在汛期常常进行众多的群众性水利工程的蓄水、拦水、引水措施。这样，地下水补给量的增加，在枯水期可开采利用的地下水也可增加。这种在地面、地下进行的径流调节，往往可显著地改变流域径流形成的条件，有利于兴利除害。广泛地实施这种措施是十分必要的。

二、河川径流调节的概念、意义和分类

广义上的河川径流调节，是指人类对天然径流过程的一切有意识的控制和干涉，并重新调配河川径流的变化，人工地增加或减少某一时期或某一区域的水量，以适应各用水部门的需要。狭义上的河川径流调节是指建造水库，通过蓄与调来改变径流的天然状态，解决供与需的矛盾，达到兴利除害的目的。这种径流调节的全部意义在于：通过对水资源实施有效的管理，人工地改造、控制和调节天然径流，更好地发挥河川径流的潜力，提高水资源的开发利用价值，兴利除害，为国民经济建设服务。

根据不同的自然条件和用水需求，可以从不同的角度对径流调节进行科学分类。

(1) 按调节的时间长短（即一次蓄泄循环的时间）划分可分为日调节、周调节、年(季) 调节和多年调节。

在我国河川径流的调节主要是通过修建蓄水工程（如水库、塘堰、储水池等）或利用天然湖泊等在时间上重新分配河川径流。如将丰水期的水蓄起来供枯水期用，在一年的范围内进行天然径流的重新分配。这种调节称为年调节或季调节。

河川径流在一天或一周内的变化一般是不大的，而用电负荷在白天和夜间，工作日和星期日，常差异甚大。用于发电的水库就可把夜间或星期日负荷少时的多余水量，蓄存起来增加白天和工作日负荷增长时的发电水量。这种调节称为日调节和周调节。

如果水库很大，则可以将多水年多余的水量蓄起来，以补偿枯水年水量之不足。这种形式的调节称为多年调节。用于多年调节的水库一般并非年年蓄满或放空，它的调节周期一般要经过好几年。

(2) 按调节的空间位置划分　可分为跨流域调节（引水)、地表水与地下水的调节等。

随着水资源供需矛盾的日益加剧，通过兴建调水工程将多水地区的水调到缺水地区，将是有效利用水资源、开发缺水地区、解决水资源地区分布不平衡、发展国民经济的一项根本性措施。如拟议中的南水北调西线工程，将长江上游的水调到黄河上游，若能实现，必将为开发西北、华北地区起到举足轻重的作用。

地表水与地下水的调节，是指缺水地区为有效利用水资源、避免水资源的废弃而进行的一项人工调节地表水源与地下水源的措施。如将丰水期多余的地表水源通过人工的或天然的蓄水体蓄起来，进行人工回灌，增加地表入渗以增加地下水的补给量，形成地下水库。利用地下含水层调蓄地下水，不仅可以提高水资源的利用程度，甚至还能减轻下游地区的洪涝灾害。

(3) 按服务的目标划分　可分为灌溉、发电、给水、航运及防洪除涝等的调节。不同的部门有不同的用水要求，也就有不同的调节要求和特点。但目前一般的蓄水工程（如水库）已较少为单目标开发，而是以一两个目标为主的综合利用的径流调节。

（4）其他形成的调节　如补偿调节、反调节、库群调节等。补偿调节，是指水库下游有区间入流时因区间来水不能控制，故水库调度要视区间来水多少进行补偿放水。反调节，是指对日调节的水电站的放水过程进行一次重新调节，以适应下游地区灌溉或航运的要求。库群调节，则是指河流上有多个水库时，如何对它们进行联合（优化）调度，以最有效满足各用水部门的要求。显然，这是同一流域内最高形式的径流调节，也是开发和治理河流的发展方向。

三、河川径流调节计算原理与基本方法

对河川径流进行人工调节，必须修建蓄水工程，典型的蓄水工程是水库、塘堰等。此外，对于某些可以人工控制的天然湖泊，也可作为人工调节径流的蓄水工程。这些蓄水工程之所以有调节径流的能力，是由于水的入流或出流受人为控制。如修建水库时设置泄水门孔，通过有计划改变泄水孔的开度来控制和调节水库的出流。

蓄水工程蓄水量变化过程的计算，称为径流调节计算。径流调节计算，通常把整个调节周期划分为若干较小的计算时段，按时段进行水量平衡计算，其公式为

$$\Delta V = (\overline{Q_I} - \overline{Q_O})\Delta T \tag{4-1}$$

式中：ΔT 为计算时段；ΔV 为 ΔT 时段内蓄水量的变化，蓄为正，泄为负；$\overline{Q_I}$ 为 ΔT 时段内平均入库流量；$\overline{Q_O}$ 为 ΔT 时段内平均出库流量，包括各兴利部门的用水流量 $\sum Q_u$、蒸发损失流量 Q_E 及渗漏损失流量 Q_S 以及蓄水工程产生的弃水流量 Q_X 等。

式（4－1）可进一步写成下面较详细的形式

$$\overline{Q_I} - \sum\overline{Q_u} - \overline{Q_E} - \overline{Q_S} - \overline{Q_X} = \frac{\Delta V}{\Delta t} \tag{4-2}$$

上式中各部门的用水量往往是随蓄水位或引水水头而变化的，这种蓄水位与需水量之间的相互依存关系，使上述水量平衡方程式呈隐函数形式，一般需用迭代计算才能求解。即先假定一个时段末水位，计算时段平均水位相应的需水量，再用上式进行水量平衡计算，求出时段末的水位后，与假定值比较是否相符，若不符则重新假定时段末水位重新试算。

时段 ΔT 的长短，根据调节周期的长短及径流和需水变化剧烈程度而定。如日调节的 ΔT 以小时为单位；年调节的 ΔT 可稍长，一般枯水季按月，洪水期按旬或更短的时段。通常，时段选择越短，计算精度越高，但计算工作量越大；反之，时段过长会使计算所得调节流量或调节库容产生较大误差，且总是偏于不安全的一面。

第二节　地表水和地下水的联合运用

一、地表水和地下水联合运用的必要性

就某一地区的水资源开发而言，有开发地表水和地下水两种类型。而同一地区的地表水和地下水之间常存在着密切的联系。因此，将地表水和地下水联合运用是十分必要的。

1）随着工农业生产的飞速发展，各地区对水资源的需求量愈来愈大，水资源不足的矛盾日趋突出，特别是北方干旱、半干旱缺水地区和工业人口集中的大中城市，单一的地表水资源或是单一的地下水资源，都无法满足日益增长的用水要求。联合运用地表水和地

下水，有助于缓解水资源不足的矛盾。

2）地表水和地下水的联合运用，可以有效地调控地下水位，可以防止某些地区地下水位的恶性上升，从而减免涝渍或土壤次生盐碱化的发生；同时也可以防止由于超采而使地下水位逐年下降，形成大面积的降落漏斗的现象。采用井渠结合的方式联合运用地表水和地下水，不仅可以排除地下水，而且为工农业生产提供了水源。这种井灌代排、井渠结合的运用方式，是综合治理旱涝碱的最有效措施。

3）无论是开发利用地表水还是开采地下水，都需要一定的投入。一般来说，用这两种途径解决同样数量的水源所需支付的费用是不相同的。所以，联合运用地表水与地下水有经济比较问题。即使在地表水源与地下水源都充沛的地区，也需对两者进行合理调配，确定它们之间最优的开发比例，以便使既定的投入取得最大的经济效益。

综上所述，地表水和地下水联合运用是水资源开发的有效形式。在我国的大部分地区都存在地表水和地下水联合运用的问题，特别是缺水的北方平原地区和地势开阔的山间盆地，地表水和地下水联合运用更为紧要。但是，由于人们认识上的偏差，长期以来，在进行水资源的开发利用时，很少考虑地表水和地下水在水文、水力和经济上的联系，没有把两者视为统一的整体来联合调度、统观统管。在许多地区，虽然地表水和地下水都已成为不可缺少的供水水源，但两者的开采量都是独立确定的。地表水和地下水各自独立的开发运用方式，不仅资源利用不充分，经济效益低下，而且还常常引起种种不良后果。

如何把开发利用地表水和地下水结合起来，作为一个整体来考虑，使水资源的开发取得最好的经济效益，这是水资源规划管理部门需要研究解决的课题。随着系统工程理论的发展，使人们能够把地表水和地下水的联合运用作为一个整体来系统研究，使系统的规划设计和运行管理建立在科学的基础上。反过来，只有把地表水和地下水联合起来，运用系统分析的方法来规划管理，才能实现地区水资源的最优开发。

二、地表水和地下水联合运用系统的类型

地表水和地下水联合运用系统主要由地表供水系统、地下供水系统和用水系统组成。地表供水系统包括水源工程和输配水系统。水源工程可能是蓄水枢纽（如水库），也可能是无调节引水工程。地表水的存在形式在很大程度上决定于水源工程的类型和联合运用的方式。按照地表水源的存在形式及其复杂程度，可把地表水和地下水联合运用系统分为下述三种类型。

（一）地表水库与地下含水层（或称地下水库）的联合运用

这种联合运用型式的主要特点是，地表供水系统是有调蓄能力的水库。许多流域或地区可能包含有几个并联或串联的地表水库，而地下含水层可根据水文地质条件、自然地理条件、经济条件和行政区划，分为若干个特征不同的单元。根据地表供水系统、地下供水系统和用水系统的相对位置情况，可将地表水库与含水层联合运用系统，进一步划分为以下四种基本类型。

1）地表供水系统、地下供水系统和用水系统，三者相互独立。这种联合运用系统的开发和管理，类似于水文上独立的地表水库群。因此，可以单独确定每个子系统的开发费用和管理费用，在经济、水量贮存、水量调配等方面，把地表水子系统与地下水子系统联合起来。

2）地表供水系统和地下供水系统相互独立，而地下供水系统和用水系统相互作用。例如，农业灌溉用水的深层渗漏，成了地下含水层的补给源。

3）用水系统与任何供水系统设有物理上的联系（如城市用水），而地表供水系统和地下供水系统是相互联系的。如地表河流横跨地下水流域（地下水库）之上，使两者在水文、水力上是相互作用的。

4）所有子系统之间都存在物理（包括水文、水力）上的联系。在某一子系统上损失掉的，常常可以在另一子系统上获得。子系统之间的相互作用，有自然的和人为的两种形式。

（二）河流引水工程与地下含水层的联合运用

有些河流无蓄水水库，但有引水工程。在这些地区的水资源开发中，若有必要开采地下水，那么就存在河流引水与地下水联合运用的问题。这种联合运用系统的主要特点是，地表供水水源没有调蓄能力，依据天然径流供水，丰枯变化较大。因而发展人工回灌，发挥地下水库的调蓄作用就显得更为重要。

与地表水库和含水层联合运用系统类似，河流引水与含水层联合运用系统也可根据子系统在水文、水力上相互作用的情况，划分为四种基本类型，这里不再赘述。我们所关心的是河流引水量的多少和地下水可开采量的多少，特别是两者的比例。这种联合运用型式通常的运行规则有：

1）优先利用河川径流。在丰水季节，尽可能利用河水灌溉，避免河水废弃；在干旱季节开采地下水，以提高供水保证率。

2）发展人工回灌，把多余的径流引蓄到含水层，发挥地下水库对水资源的调蓄作用，以达到充分利用水资源的目的。

3）保证地下水开采量与补给量的平衡。

（三）多种地表水源与地下水的联合运用

对于一个地区或一个流域来讲，地表供水水源常常是水库和河流兼而有之，有时还可能存在跨流域的调水。这种多种地表水源与地下水的联合运用型式，常常是地区开发或流域开发要研究的问题，往往具有下述特点：

1）规模庞大。这种联合运用型式常常是地区或流域开发的研究课题，因而地表供水、地下供水和用水的数目均很大。

2）结构复杂。这种联合运用型式不仅地表供水系统、地下供水系统和用水系统之间的相互关系复杂，而且上下游之间、子区与子区之间的关系也十分复杂。

3）目标多样。地区或流域水资源的开发目标常常不是单一的，而是多样的。

三、地表水和地下水联合运用系统分析方法简述

利用系统分析的理论和方法研究地表水和地下水联合运用问题，始于60年代初期。近30年来，得到了迅速的发展。

（一）线性规划模型和非线性规划模型

线性规划是静态规划，其数学模型的目标函数和约束方程都是线性方程。1961年，卡斯特尔（Castll）等人第一次把线性规划技术用于联合运用系统的管理中，解决了地表水资源和地下水资源在两个农业地区的最优分配问题。在此后的20多年间，线性规划和非线性规划模型在联合运用系统中得到了广泛的应用。新方法、新模型在不断涌现，目标函数从线性到非线性，线性或非线性约束方程个数从几个到几百个、上千个。随着大容量计算机的出现，模型结构愈来愈庞大，解决的问题愈来愈复杂。关于模型的求解，线性规划可用单纯形法这一通用算法求解。但非线性规划问题没有通用解法，一般是根据具体问题提出的数学模型的具体型式寻求具体的解法。有些非线性规划问题，由于有非线性方程求解困难，而这些函数又可分段以线性函数代替时，就可使非线性问题转化为线性问题，利用单纯形式求解，可求出非线性问题的近似极值。

（二）动态规划模型

动态规划是解决多阶段决策过程的规划，根据时间和空间特性，可将过程分为若干阶段，而在每一阶段都需作出决策，而使整个过程取得最优效果。把地表水和地下水的联合运用概化为多阶段的决策过程，从而用动态规划方法求解。在这方面研究较早且较有贡献的专家是伯拉斯（Buras），他的研究成果在《水资源科学分配》一书中有较多的介绍。1961年伯氏等人首次把动态规划方法引入联合运用系统，解决了地表水库和地下水库的蓄水分配问题。1963年，伯氏针对包含一个地表水库、一个地下水库和两个独立灌区的假想系统，建立了动态规划模型。目的在于确定地表水库、人工回灌工程的设计尺寸，各灌区的灌溉面积，以及地表水库和地下水库的供水策略。同年，伯氏建立了考虑地表水库入流为随机变量（独立的）的随机动态规划模型，将效益的期望值最大作为择优的准则。1968年，赫尔曼（Herman）和伯拉斯建立的动态规划模型与以前的工作相比有以下特点：①考虑了月径流的序列相关，并且假定月径流是正态分布的马尔柯夫链；②考虑了水质问题，把地表水库的氧离子浓度像蓄水一样处理为状态变量；③采用切比雪夫多项式逼近效益函数，从而大大节省了内存量，当然多花了计算时间 。

尽管动态规划在解决联合运用问题中显示了巨大的优越性，但也暴露了不少缺点。诸如维数障碍问题；不满足动态规划择优的无后效性条件；不能直接提供最优设计方案等。这些缺点限制了动态规划在联合运用系统中的广泛应用。

（三）模拟模型

把一个大规模的复杂系统的结构和行为构成模拟模型，并利用电子计算机获得模拟系统的所有有关特性及信息，称为系统模拟。系统模拟是联合运用系统中较为广泛应用的方法。系统模拟模型的功能是：①重视系统的重要特性，但非重现系统本身；②可以研究系统中各种参数变化及系统输入对系统响应的影响；③结合搜索技术可确定一个最优或近乎最优的系统设计和运行策略。

模拟模型通常有以下几部组成：元件（成分）、变量及其相互关系。根据变量间相互关系的形式，模拟模型一般可分为四类：①物理模拟模型；②相似模拟模型；③数字模拟模型；④混合模拟模型。

在地表水和地下水联合开发运用问题中，上述四类模型均有应用。例如某地区在水资源管理中，提出了地表水和地下水联合运用策略，以解决大城市的供水问题。解决这一问题可采用混合模拟模型。首先必须定量地确定某些水文地质参数，然后在野外试验的基础上进行实验室研究。考虑到流经疏松的多孔介质的水流类同于流经导体的电流，故可通过相似模拟模型确定地下含水层各区的透水系统和蓄水率，每个区的蓄水率以电容表示，而相邻两区之间的透水系统以电阻表示。这样，将野外试验资料（地下含水层的抽水率和补给率）用电流振荡器输入模拟计算机，然后调整电阻和电容值，以产生相应于实测水位的电压降。用这种方法，可将地下含水层中很难直接实测的两个水文地质参数——蓄水率和透水系数确定出来。然后，可采用不同的抽水和补给方案在数字电子计算机上模拟含水层，根据含水层的动态反应可估价不同的运行策略，即通过数字模拟模型，确定地表水和地下水联合运用的最优运行策略。

在地表水和地下水联合运用中，广泛应用的是数字模拟模型。1972 年，扬格（Young）等人建立了河水与含水层有水力联系的系统模拟模型。这个模型主要由两个部分组成：一个经济模型，用来计算各用户的灌溉效益和费用；另一个是水文模型，用来确定河流～含水层系统随河流流量、引水量和管井提水变化的响应函数。这是一组用差分形式表示的非线性方程组，因而需迭代求解。尽管如此，它与优化方法相比，还是大大节省了计算时间。

（四）大系统分解协调技术

大系统（Large Scale System）是指规模庞大、结构复杂的各种工程或非工程的系统。地表水与地下水联合运用系统，特别是多种地表水源与地下水的联合运用系统为典型的大系统。由于大系统由许多部分或环节构成，涉及的因素多而复杂，我们不能对各个部分或环节孤立地进行研究和管理，必须把这些部分和环节联系起来，综合考虑，以便获得一个全局优化的运行策略。这就构成了一个典型的大系统优化问题。

大系统优化问题一般具有复杂、规模大、混合、随机等特性，这些性质给大系统优化问题的求解带来困难。用一般的系统论、优化和控制理论及计算技术在目前的计算设备条件下解决大系统优化问题是有困难的。但是，这些性质又提供了一些简化问题、解决问题的可能机会。经过 20 多年的不断研究和探索，逐渐形成了大系统优化理论和应用技术。

大系统理论所要研究解决的问题，就是按照整个系统的最优指标和整个系统与各子系统之间的关系。最优地分配各子系统的指标，并以此控制各子系统，使整个系统达到最优化。

大系统优化分为静态优化和动态优化两大部分，静态的大系统优化问题的解法，一般有直接方法和分解协调法。

直接方法，是利用或改进现有的优化方法去解各种大型的优化问题。例如，线性规划中的单纯形法，非线性规划中的共轭梯度，拟牛顿法等经常用于大型优化问题的特殊结构。

分解协调法，系指将规模庞大而又复杂的大系统，分解成若干“独立”的子系统。先解决各子系统自身最优，反馈至上一级，再由上一级根据总体最优条件进行协调各子系统，直至它们各自既能达到最优，又能满足彼此制约关系，从而达到整体最优。这样，就形成了一个两级结构，下级只管局部优化，但受上级给定的协调参数（上级为协调各子问题之间存在的某种关联和矛盾而引进的参数）约束；上级只要进行协调。这种分解协调处理方式应用日益广泛，因为它具有下列优点：

1）分解成子问题后，求解计算工作量要小得多。

2）各个子系统可以各自选用自己适宜的模型。例如可以选择线性规划模型，也可选择非线性规划模型等等。

3）子系统的模型便于分析处理，具有鲜明的实际意义。

4）可以利用多部微机进行并行处理，加快计算速度。

大系统的分解，一般有以下三种方法：

1）按时间分解。按不同时间标尺将原系统分解为若干子系统。如可将50年规划期的全局问题分解为50个年运行子问题，子问题与子问题（即年与年）之间通过地表水库年末蓄水量和地下水位埋深来耦合。

2）按空间分解。将一个整体系统变换为一组子系统以及和它们联系在一起的耦合关系。如地表水和地下水联合运用中，可将用水系统按地区划分成若干子系统。

3）按职能分解。将一个整体系统按各部分不同职能分解成若干子系统。如将用水系统可按职能分解为发电、灌溉、防洪、航运、水产养殖、旅游等子系统。

（五）多种方法的混合模型

多种方法有机地配合使用可解决更为复杂的问题。例如，把动态规划方法和模拟技术结合起来使用，可以确定联合运用系统的设计尺寸。其思路为：首先对一个选定的设计方案，使用动态规划方法确定一组运行策略，使用人工生成的径流序列，对系统进行长历时的模拟运行，求得平均运行费用。平均运行费用加上对应方案的折旧费，便是系统的总费用。对不同方案重复上述工作，就可筛选出最优方案。再如，线性系统理论应用于地下水的水文模拟；线性系统理论和系统分析方法结合起来使用，解决河流～含水层系统的管理问题；在描述河流和含水层之间相互作用的优化模型中考虑需水和入流的随机性。总之，多种方法的配合使用是十分有效的，可以提高模型的逼真性，可以解决更为复杂的问题。

到目前为止，利用系统工程的理论和方法研究地表水和地下水的联合运用，国外比较成熟。国内在这方面的研究现已取得一定的进展，但广泛的推广应用工作，可能由于存在下述问题而受到一定限制。

1）所建立的模型未能真实地反映实际系统。这可能是由于使用了过于简化的模型或仅研究了问题的一部分。例如，非线性关系的线性处理；水文气象等随机性因素的确定性处理；模型容量的限制不能考虑所有因素，以及时段划分过粗等。

2）计算费用昂贵。这个缺点与前一个缺点相反相成。

3）对复杂的水资源系统研究得较少，特别是地区开发问题和流域开发问题，这是不适应现代水资源开发的。

四、地表水和地下水联合运用数学模型举例[1]

限于篇幅，本节只阐述单一地表水库和单一地下水库联合运用系统的优化问题。

（一）系统的结构模型和问题的表述

1．系统的结构模型

单一地表水库和单一地下水库联合运用系统可概化为如图4－1所示。整个系统可分为3个子系统：地表供水子系统、地下供水子系统和用水系统（本文指灌区）。系统的组成包括以下7个部分：

---

[1] 本模型的建立主要参考武汉水利电力学院研究生吴玉柏毕业论文《地表水和地下水联合运用优化方法的研究》。

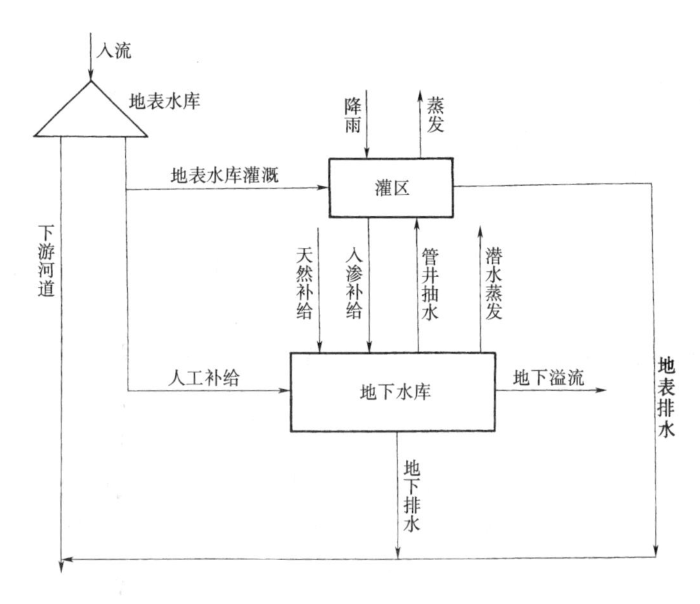

图 4-1 单一地表水库和单一地下水库联合运用系统结构示意图

(1) 地表水库 地表水库的功能主要是调节径流，满足用水部门的需水要求；滞蓄洪水，削减洪峰流量，保护下游的安全；利用多余的水对地下水库进行人工回灌，即人工补给，减少地表水的废弃，提高水资源的利用程度。对地表水库，其主要任务是确定库容的大小和制定各时期的供水量。

(2) 地下水库 地下水库是一个位于灌区下面具有相对不透水层的潜水含水层。地下水库相当于地表水库的反调节水库，主要作用是协同地表水库向灌区供水，满足农业生产的要求。对于地下水库，主要任务不是确定库容的大小，而是推求地下水位的变化过程、可提供的水量的多少以及最优的控制水位。

(3) 输配水系统 输配水系统指各级灌溉渠道，其作用是把水库的水输送到灌区或人工回灌设施进口。渠道输水损失大部分渗漏到地下含水层，成为可利用的地下水。

(4) 排水系统 排水系统指地表各级排水渠道。其作用是汇集灌溉退水、降雨径流和地下排水，并将其排入外河。

(5) 管井系统 管井系统的作用是抽取地下水灌溉。另外，管井还兼起排水作用，以防治土地盐渍化。

(6) 人工回灌措施 人工回灌措施是把地表水库不能贮蓄的水引渗到含水层，通过田面、沟渠、坑塘积蓄起来，形成一定的水层，水直接经过土壤饱气带垂直渗透到地下含水层。

(7) 用水系统 用水系统包括所有的用水部门。一般的综合利用水库，其用水部门包括农业灌溉用水、工业用水及城镇生活用水、水力发电用水、水产养殖等。本文为简化起见，仅考虑灌区这一用水部门。灌区内种植作物的种类、宜灌面积是已知的，各种作物的需水量可根据降雨、土质、作物种类等确定。作物的种植结构可纳入模型中作为待定的组成部分。

2. 问题的表述

上述联合运用系统的主要任务是，解决该地区的灌溉用水问题，同时兼顾防洪、排涝和控制盐渍的要求。本文以规划年限内工程综合净效益最大作为择优准则。在择优准则下，需要决策的内容包括以下两个方面：

1）确定系统内各项工程最优规模的有关数据。例如，确定地表水库容、管井供水能力、单位时间内的人工补给量，以及灌溉面积种植结构等。

2）确定系统的最优运行策略。例如，确定各时段地表水库对灌区的供给量，地表水库对地下水库的补给量，地下水库的灌溉供水量，以及地表水库和地下水库的蓄放过程。

上述第一方面的问题为确定工程的最优规模，所建立的模型为系统的规划设计模型。在此基础上做些变换，用来解决运行管理问题，确定系统的最优运行策略。

（二）数字模型的建立

限于篇幅，本文仅阐述年调度确定性数学模型的建立。以规划年度内系统的综合净效益最大为优化的准则。因此，其数学模型的目标函数和约束条件分别为

1. 目标函数

$$NB = \max\left\{ \sum_{i=1}^{N} \varepsilon_i P_i A_i (y_i - y_{oi}) + B_p - C(V) - C(R) - C(q) - C(\theta) - C(A) - C(W) - d\sum_{t=1}^{T} H_t q_t \right\}$$

式中：A_i 为第 i 种作物的种植面积（万亩）；y_i 为第 i 种作物灌溉下的单产（kg/亩）；y_{oi} 为第 i 种作物无灌溉下的单产（kg/亩）；P_i 为第 i 种作物的影子价格（元/kg）；ε_i 为第 i 种作物的效益分摊系数；N 为灌区作物种类；B_p 为年防洪效益；C（V）为地表水库年费用，为库容 V 的函数；C（R）为人工回灌工程年费用，为回灌能力 R 的函数；C（q）为管井工程年固定费用，为井群设计供水能力 q 的函数；C（θ）为配水渠系及渠系建筑物年费用，为渠系输水能力 θ 的函数；C（A）为田间工程年费用，为灌区面积 A 的函数；C（W）为排涝工程年费用，为排涝流量 W 的函数；$\mathrm{d}\sum_{t=1}^{T} H_t q_t$ 为管井工程运行动力费用，为第 t 时段提水扬程 H_t、提水量 q_t 以及单位水量的提水费用 d 和 1 年中的时段数 T 的函数。

2. 约束条件

（1）地表水库约束

1）地表水库水量平衡约束

$$V_t = V_{t-1} + I_t - \frac{1}{2} L_t (V_t + V_{t-1}) - Q_t - r_t - X_t$$

式中：V_{t-1}、V_t 分别为 t 时段初、末地表水库蓄水量；L_t 为 t 时段地表水库损失（包括蒸发损失和渗漏损失）系数；I_t 为 t 时段地表水库入库流量；Q_t 为 t 时段地表水库灌溉供水量；r_t 为 t 时段地表水库向地下含水层的回灌水量；X_t 为 t 时段水库弃水量。

2）调节周期约束

$$V_0 = V_T \tag{4-3}$$

对年调节水库，要求年初蓄水量 V_0 和年末蓄水量 V_T 相等。

3）地表水库死库容约束

$$V_t \geqslant V_D \tag{4-4}$$

即任何时期地表水库的蓄水量 V_t，不能小于死库容 V_D。

4）地表水库调节库容约束

$$V_t \leqslant V_D + K_t V_p \tag{4-5}$$

式中：V_p 为地表水库兴利库容；K_t 为反映不同时期对水库水位限制要求的系数，汛期 $K_t<1$，非汛期 $K_t=1$。

5）防洪约束

①水量平衡约束

$$\frac{\widetilde{\theta}_{\bar{t}} + \widetilde{\theta}_{\bar{t}+1}}{2} - \frac{\widetilde{q}_{\bar{t}} + \widetilde{q}_{\bar{t}+1}}{2} = \frac{\widetilde{V}_{\bar{t}+1} - \widetilde{V}_{\bar{t}}}{\Delta t} \tag{4-6}$$

$$\widetilde{q}_{\bar{t}} = \widetilde{q}_{1\bar{t}} + \widetilde{q}_{2\bar{t}} + \widetilde{q}_{3\bar{t}} \tag{4-7}$$

式中：$\widetilde{\theta}_{\bar{t}}$为设计洪水在 t 时段初的入库流量；$\widetilde{q}_{1\bar{t}}$为 $\bar{t}$ 时段泄洪洞泄洪流量；$\widetilde{q}_{2\bar{t}}$为 $\bar{t}$ 时段有闸门溢洪道的泄洪流量；$\widetilde{q}_{3\bar{t}}$为 $\bar{t}$ 时段闸门溢洪道的泄洪流量。

一般地，泄洪流量可概化为水库水位的函数，或概化为水库蓄水量的函数。

②库容约束

$$\widetilde{V}_{\bar{t}} \leqslant V_u \tag{4-8}$$

式中：V_u 为地表水库极限库容。

③汛期兴利库容约束

$$\widetilde{V}_{\bar{t}} \geqslant V_D + K_{\min} V_p \tag{4-9}$$

式中：$K_{\min}$为 K_t 中最小者。

④水库下游最大安全泄量约束

$$\widetilde{q}_{\bar{t}} \leqslant \theta_p \tag{4-10}$$

式中：θ_p 为防洪保护区允许的最大泄洪流量。

（2）地下水库约束

①地下水位最大、最小埋深限制

$$H_{t\min} \leqslant H_t \leqslant H_{t\max} \tag{4-11}$$

式中：H_t 为 t 时段地下水位埋深（m）；$H_{t\min}$、$H_{t\max}$为 t 时段地下水位埋深下限和上限（m）。

②地下水库水量平衡约束

$$S_t = S_{t-1} + W_{t补} - W_{t耗} \tag{4-12}$$

式中：S_t 为 t 时段末地下水库蓄水量；$W_{t补}$为 t 时段地下水得到的补给量，包括人工回灌补给，侧向补给，深层承压水的越流补给，降雨入渗补给等；$W_{t耗}$为 t 时段地下水的消耗量，包括蒸发损失，含水层侧向排出量、河道排出量，人工排水设施排出量等。

③地下水位调节周期约束

$$H_T = H_0 \tag{4-13}$$

式中：H_T 为年末地下水埋深（m）；H_0 为年初地下水埋深或某一指定值（m）。

④管井系统供水能力约束

$$(X_{gt} + q_t)/T_t = K_q q \tag{4-14}$$

式中：X_{gt} 为第 t 时段为控制地下水位而排出的地下水量；q_t 为第 t 时段地下水供水量；T_t 为 t 时段的小时数；K_q 为反映管井利用程度的系数；q 为井群设计提水能力。

⑤人工回灌能力约束

$$r_t/T_t \leqslant K_r R \tag{4-15}$$

式中：K_r 为反映人工回灌设施利用程度的系数；R 为设计回灌能力。

（3）灌区约束

①作物需水量约束

$$\varphi_{1t}O_t + \varphi_{2t}q_t = \sum_{i=1}^{N} W_{it}A_i \tag{4-16}$$

式中：φ_{1t}为渠系水利用系数；φ_{2t}为井灌水利用系数；W_{it}为 t 时段第 i 种作物单位面积需水量。

②地下水地表水供水比例约束

$$q_t \leqslant \beta_t O_t \tag{4-17}$$

式中：β_t 为地下供水量与地表供水量的最大比例，由水质条件和作物生长要求确定。

③最大、最小灌溉面积约束

$$A_{\min} \leqslant A \leqslant A_{\max} \tag{4-18}$$

④灌溉面积约束

$$\sum_{i=1}^{N} \lambda_{it}A_t \leqslant A \tag{4-19}$$

式中：λ_{it}为反映作物生长情况的参数，当 $\lambda_{it}=1$ 时，表示 t 时段是第 i 种作物的生长季节，当 $\lambda_{it}=0$ 时，则表示 t 时段不是第 i 种作物的生长季节。

⑤各种作物种植面积约束

$$A_{i\min} \leqslant A_i \leqslant A_{i\max} \tag{4-20}$$

⑥渠系输水能力约束

$$O_t + r_t \leqslant 3600 K_Q T_t \theta \tag{4-21}$$

式中：K_Q 为反映渠系利用程度的系数。

（4）非负约束　一切变量都不能取负值。

式（4-1）～式（4-21）构成了一个非线性数学模型，它包括一个非线性目标函数和若干个约束条件。模型的规模还与 $\widetilde{T}$ 和 T 的取值有关。T 的选取应在精度、经济及可解性之间权衡，在灌溉季节以月或旬为时段，非灌溉季节两个月或几个月为一个时段。$\widetilde{T}$ 的选取一般以小时为单位，如对 6 日洪水以 6 小时为一个时段较为合适。总之，这是一个规模比较大的非线性规划问题。

关于模型的求解，可以采用现成的非线性规划求解技术，但由于求解工作量大或求解不收敛等问题，这些方法不是十分有效的。因此，根据模型的特点，可提出具体的解法。例如，防洪约束是具有独立物理意义的约束，它与整个优化模型之间的联系仅仅取决于总库容 V（或兴利库容 V_p），一旦确定了 V，防洪约束在模型中就不再起作用了，于是可以取消。因此，可以采用分解迭代的方法处理防洪约束。首先将防洪约束从原模型中独立出来，接着假设一个 V_p 值（满足防洪约束），并根据调洪演算求出 V_F 的值，再将 V_p 和 V_F 的值代入去掉了防洪约束的原模型（称为子模型），求解此子模型便可得到整个问题的解。这个解虽是可行解，但不一定是全局最优解。全局最优解的取得需通过假设一系列的 V_p 值求解相应的子模型，比较目标函数的大小才能获得，目标函数最大者即为最优解。由于目标函数是兴利库容的单峰函数，问题的最优解总是存在的。因此，可以采用 V_p 的一维搜索和曲线拟合的方法，以加速求得最优解。

第三节　灌溉用水优化调配

一、传统的灌溉配水方式及其存在的问题

大型灌区的配水，多年来基本上是建立在经验和行政管理的基础上的。例如，某大型灌区的灌溉用水，在每年之初由地区行政公署向省人民政府报请全年用水计划，政府委托省水利厅批复灌区全年用水指标。根据这一指标，一般每年在灌区内召开夏灌及秋灌会议各一次，由会议给各灌域管理局分配各阶段的用水指标，并拟定供水、配水制度、实施细则，以及当年总干渠进水闸的放水、停水日期及阶段性停水的时间。各灌溉分配的水量大小，取决于灌域灌溉面积的大小。这种以行政手段、按固定比例分配水的方法，简单易行，在某些灌区也曾发挥过积极的作用。随着水资源的日益紧缺，特别是在北方干旱半干旱地区，农业用水供需矛盾十分尖锐。因此，如何合理利用灌溉水源，使用限的水源获得最大的经济效益是急需解决的问题。这种按固定比例分配水的方法，没有考虑到各灌域灌溉经济效益不同的特点；没有考虑到各灌域由于土质条件气候条件等的不同使农作物单位面积产量不同的特点；也没有考虑到各灌域农作物最优灌水时间的不同和延误灌水时间所造成的损失不同的特点，等等。因此，这种配水方法在来水量不足时，不可能充分发挥这部分灌溉水量的经济效益。

二、灌溉用水优化调配的可能性及意义

在灌溉水源比较紧缺的地区，必须合理利用灌溉水源。这里的合理利用包括如下几个方面的内容：一是在用水数量上的合理分配，如在同一大型灌区内各灌域全年用水量多少？各行政区域内的用水量多少？各灌溉水量的分配，应以灌区总体经济效益最高为准则，同时兼顾局部经济利益。也就是说，在满足社会需求、经济及自然条件等一系列约束条件下，取得最大的经济效益。因此，在如何分配水量上可寻求优化的途径。二是在用水时程上的合理分配，如某一引黄大型灌区，在每年的5月初～6月初这一个月内用水比较集中，在这段时期内降雨量很少，对农作物生长不起很大作用，主要依靠引黄灌溉，而5、6月份又是黄河的枯水季节，使灌溉用水受到一定限制。在这种情况下不同的配水方法必然会导致不同的经济效益。为了取得最大的经济效益，在用水时程上如何分配水量也

可寻求优化的途径。总之，提出考虑各种不同来水过程，考虑灌区土质、气候特点，考虑灌区农作物布局、社会需求等一系列约束条件的优化配水模型，对于提高灌溉水资源的经济效益，提高灌区的总体产量，满足国家和社会需求，增加国民收入，提高灌区人民生活水平，都具有重要的意义。

三、灌溉用水调配的类型和方法

（一）灌溉配水系统的类型

灌溉配水系统主要由水源工程系统和输配水系统组成。水源工程系统包括地表水源工程和地下水源工程。输配水系统指各级灌溉渠道，对大型灌区可分为总干渠、干渠、支渠、斗渠、农渠等，其作用是把灌溉水量输送到所要灌溉的农田。按照水源工程的形式，可把灌溉用水的调配分为下述几种类型。

1. 蓄水水库向灌区供水

这种供水形式的最大特点是，供水水源是有调蓄能力的水库，可以完全实施人对灌溉水源控制和调节等的管理职能，可按照农作物的生长需要配水，使灌溉水源得到充分利用。在农作物的整个生长季节，若水库供水能满足灌溉要求，即供水水源是充足的，则可按农作物的最优配水时间来配水；若水库供水量不足，不能满足灌溉要求，则在整个作物生长期内应优化配水，使有限的灌溉水源获得最大的经济效益。

2. 无调蓄能力的天然河流向灌区供水

这种供水形式的最大特点是，天然河流的来水是不稳定的，具有一定程度的随机性，且这种随机性与农作物的生长需要极不适应，往往在需要灌溉的季节河流来水较少，而降雨较多、不需灌溉的时期河流来水则较多。这种供需不相适应的现象使得灌溉配水难以适时适量地进行，农作物的需水要求难以保证。在这种灌溉配水取决于河流来水的情况下，实施优化配水是十分有效的，可以显著地提高整个灌区的灌溉经济效益。

3. 多种水源向灌区供水

对于大型灌区的灌溉用水，常常是水库供水、天然河流供水和抽取地下水兼而有之，有时还可能是跨流域的调水。这种多种水源向灌区供水的形式往往具有规模大、结构复杂、目标多样等特点，对其进行系统地研究，依据农作物的生长需要实施最优的配水策略，往往可以显著地提高供水的经济效益。这种多种水源供水形式通常的运行规则有：优先利用河水灌溉，避免河水废弃；在干旱季节河水较少时，利用水库的蓄水或开采地下水来灌溉，以提高灌溉保证率。

（二）灌溉用水优化调配方法简述

在灌溉配水中广泛使用的优化方法有线性规划、非线性规划、动态规划、大系统分解协调技术等。例如，大型灌区的灌溉系统可以表述为典型的大系统。整个灌区视为总系统，其总体配水可由灌区灌溉管理局负责。灌区按其干、支渠控制的面积可将总系统分解为 L 个子系统（灌域），各灌域可以各自选用自己适宜的优化方法，推求子系统的最优解（如缺水情况下的节水型农业结构等）。灌溉管理局为使整个灌区的总体经济收入达到尽可能高的水平，同时尽力满足各灌域的局部要求，一方面通过选定合适的协调参数（如各灌溉的供水量及洪水水价等）来满足总体与局部的目的要求；另一方面，建立灌区总体经济效益最大的数学模型。这样，采用分解协调技术，既满足了局部利益，又考虑了总体利益，其效果是十分显著的。

目前，优化方法与模拟技术的混合运用也越来越普遍。例如，有人把灌区配水系统概化为有限个节点（代表取水点、汇水点、过水断面控制点及抽水站等）及线段（代表干渠、支渠等输水渠道）所组成的树状结构。灌溉用水是从其根部（渠首）及库水的汇入处，沿树干通过各个节点向外传输。这种多渠库的联合运用问题是较为复杂的。为简化处理，库群的运用及配水准则采用模拟的办法，按给定的规则实施运用，而所有的决策变量（配水量等）则由线性规划方法确定。再如，有人针对多种水源向灌区供水，而灌区又可分为若干灌域的情况，建立了包括优化技术和模拟技术相结合的混合模型。采用线性规划模型进行各灌域内部水量优化分配；采用模拟模型进行整个系统各灌域间的供水协调。根据这一混合模型，可求得灌溉系统现状水平下的优化配水方案。

在灌区配水中，除上述优化模型、模拟模型及混合模型可以采用外，还可采用综合排序的方法。在灌区范围较大、灌溉水源主要是河川径流的情况下，在各灌域的最优配水时间由于气候条件的不同而不同、各灌域的单位面积产量由于土质条件的不同而不同的情况下，采用综合排序的方法是十分有效的。用这种方法配水的思路是：首先将灌溉期分成若干个时段，时段的长度以几天为宜，在来水充足时，按各灌域农作物的最优灌水时间来配水；在来水不足时，必将使部分灌域推迟灌溉，推迟灌溉必将减少农作物产量。问题是在有限的来水条件下，以整个灌区减少的产量最小这一准则来配水。为此，在得知不同灌溉分别推迟不同时段灌溉时的农作物产量损失系数、各灌域正常灌水条件下的单位面积产量等资料的条件下，在满足各种约束条件（如渠道输水能力约束、渠道最小流量约束、灌水次数等）下，采用综合排序的方法可得出较为满意的配水方案。

四、灌溉用水优化调配数学模型举例

（一）节水型农业结构优化模型

某灌区现有耕地面积 A 亩，灌区上游有一年调节水库向灌区供水。由于灌溉水源不足，灌区必须发展节水型的农业结构，但又必须完成国家对该灌区下达的粮食、蔬菜、果类等生产任务。同时，灌区每日可投入的劳动工日是有限的。在这种约束条件下，如何规划各种作物的种植面积，以使整个灌区的总产值最大。此问题的线性规划数学模型为

1. 目标函数

$$\max Z = \sum_{i=1}^{n} V_i X_i \tag{4-22}$$

式中：V_i 为第 i 种农作物的亩产值（元/亩）；X_i 为第 i 种农作物的种植面积（亩，为决策变量）；Z 为灌区总产值。

2. 约束条件

（1）粮食总产约束

$$\sum_{i-1}^{m} Y_i X_i \geqslant Y_d \tag{4-23}$$

式中：Y_i 为第 i 种粮食作物亩产量（kg/亩）；Y_d 为粮食总量下限。

（2）劳动工日数约束

$$\sum_{i=1}^{n} g_i X_i \leqslant G \tag{4-24}$$

式中：g_i 为第 i 种农作物的亩投工数（元/d·亩）；G 为灌区每日可投入的劳动工日数（元/d）。

（3）灌溉用水约束

$$\sum_{i=1}^{n} W_i X_i \leqslant W \tag{4-25}$$

式中：W_i 为第 i 种农作物的灌溉定额（m^3/亩）；W 为灌区的年灌溉总水量（m^3）。

（4）耕地面积约束

$$\sum_{i=1}^{n} X_i = A \tag{4-26}$$

式中：A 为灌区现有耕地总面积（亩）。

（5）非页约束

$$X_i \geqslant (i = 1,2,\cdots,n) \tag{4-27}$$

此线性规划模型，应用单纯形法电算程序可求得最优解。

（二）灌溉系统优化配水模型

1. 灌溉系统的概化

某灌溉系统由一个（河流）引水枢纽、一个供水水库、一个抽水站、一条干渠六条支渠组成。为便于建立系统的数学模型，可将实际系统概化为有限个节点及线段所组成的树状结构（见图 4-2）。

在图 4-2 中：Q_t 为第 t 时段从渠首 A 引入的灌溉水量（m^3）；W_{it} 为第 t 时段第 i 灌域的引（抽）水量（m^3）；R_t 为第 t 时段水库抽水量（m^3）。

本系统的决策变量是水库的抽水量 R_t 及各灌域的引（抽）水量 w_{it}。这些决策变量均可由下述的数学模型确定。

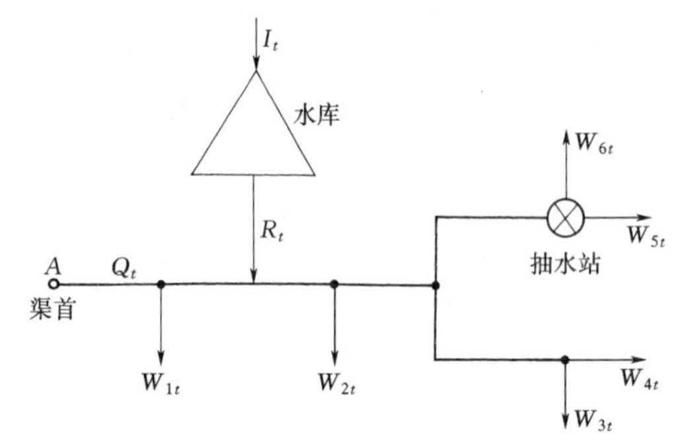

图 4-2 某灌溉系统概化图

2. 数学模型的建立

（1）目标函数 将运行年度内灌溉系统的净效益作为目标函数，其表达式为

$$NB = \max\left\{\sum_{t=1}^{T}\sum_{i=1}^{6} p_t w_{it} - \sum_{t=1}^{T} d_{1t} R_t - \sum_{i=1}^{T} d_{2t} w_{6t}\right\} \tag{4-28}$$

式中：p_t 为第 t 时段灌溉水的理论价格或影子价格（元/m^3）；d_{1t} 为第 t 时段水库的单位抽水费用（元/m^3）；d_{2t} 为第 t 时段抽水站的单位抽水费用（元/m^3）；其他符号含意同图 4-2。

（2）约束条件

①水库水量平衡约束

$$V_t = V_{t-1} + I_t - \frac{1}{\alpha} L_t (V_t + V_{t-1}) - R_t - X_t \tag{4-29}$$

式中：V_{t-1}、V_t 分别为 t 时段初、末水库蓄水量（m^3）；I_t 为 t 时段水库入流量（m^3）；L_t 为 t

时段水库水量损失(包括蒸发损失和渗漏损失)系数；X_t 为 t 时段水库弃水量(m^3)。

②水库库容约束

$$V_D \leqslant V_t \leqslant V_D + K_t V_P \tag{4-30}$$

式中：V_D 为死容库；V_P 为兴利库容；K_t 为第 t 时段对水库水位限制要求的系数，汛期 $K_t<1$，非汛期 $K_t=1$。

③水库抽水约束

$$R_t \leqslant R_{t\max} \tag{4-31}$$

$R_{t\max}$为 t 时段水库最大抽水能力（m^3）。

④渠首约束

$$Q_t + R_t \geqslant \frac{1}{\psi_t}\sum_{i=1}^{6} w_{it} \tag{4-32}$$

ψ_t 为 t 时段渠系水利用系数。

⑤各灌域最大需水约束

$$w_{it} \leqslant w_{it\max} \tag{4-33}$$

$w_{it\max}$为 t 时段第 i 灌域最大需水量（m^3）。

⑥非负约束

$$R_t \geqslant 0 \tag{4-34}$$

$$w_{it} \geqslant 0$$

$$(t = 1,2,\cdots,T;\ i = 1,2,\cdots,6)$$

上述数学模型的规模取决于时段数 T 的大小，若将灌溉期分为20个时段，即模型的决策变量有140个。这是一个规模比较大的线性规划模型，模型的求解可利用通用的单纯形法电算程序来完成。

第四节　不同部门用水合理分配

一、不同部门用水合理分配的必要性

在我国，开发利用水资源的部门具有广泛的社会性，有农业、工业、城镇居民生活、水力发电、水产养殖、航运和旅游环境等用水部门。不同部门的用水特性是不同的。例如，农业灌溉用水需要消耗水量，而水力发电仅需要水流的落差和流量，并不消耗水量。门类众多的用水部门在逐步开发利用水资源的过程中，兴建了各式各样的水资源工程。这些工程中最简单的莫过于用原始的蓄水池蓄存雨水供人们饮用，最复杂的水资源工程是那些多目标、多建筑物的综合工程，它们可以用来防洪、调节径流、进行水力发电和工农业供水，以及可以实现其他目标。不难理解，水资源系统的日益复杂化、水资源供需矛盾的日益尖锐化，就发生了在不同用水部门之间如何开发、控制、分配、处理和重复使用等的许多问题。多目标的综合利用水资源工程，有多种多样可能的开发利用水资源的途径，每一种途径代表了一个规划问题的一种解法。由于可利用的水在时间、地点和质量方面不可能满足所有用水部门的要求，因此，必须首先确定开发利用和分配水资源的准则。然后，

在给定的准则下求算满足约束条件的最优开发利用和分配运行策略。这是开发利用水资源的最有效途径。归纳起来，必须统筹协调解决以下两个问题：

1）在现有水库、水电站、渠道等水资源工程条件下，需要确定出灌溉、水力发电、防洪、供水等不同用水部门可能的目标和规模。

2）在不同部门间需要制定出总体最优的用水策略，也就是说，在不同部门间需要合理分配水资源，使有限的水资源产生更多的价值和使用价值。

二、不同部门用水合理分配的方法简述

地区水资源或流域水资源的分配，多年来基本上是以行政管理为主。例如，在工业用水与农业用水发生矛盾时，行政的干预可能是放弃农业用水而保证工业用水。总之，多年来，在不同用水部门间如何分配水资源，很少从经济利益考虑。随着水资源开发问题在地区上从小区到整个地区、从局部到整个流域，在时间上从规划设计到管理运行，都在运用系统分析的方法来解决。因而，在不同部门间水资源的合理分配也必须纳入系统分析的轨道。目前，运用较多的方法是优化技术和优化技术与模拟技术的混合运用技术。例如，有人建立了若干个地表水库、河网和地下水库联合供水系统的水量优化分配模型，对河网供水采用模拟模型，对水库供水采用动态规划模型，而不同部门间的用水则采用线性规划模型。

由于水资源用于国民经济生产的各个部门，为了分析评价水资源在整个生产过程中的作用，以便合理分配水资源，采用列昂节夫型的投入—产出矩阵是十分有效的。从这种分析评价中可以看出，不同的经济部门与水在地区经济上具有不可分割的关系。例如，某一地区要新增灌溉面积，方案之一是调用本地区某一灌溉面积上的部分水量，这样的调配水量不仅直接影响两块灌溉面积上的生产过程，而且还需要地区投入另外的资金、劳动力、建筑材料等，才能实施这个方案。列昂节夫矩阵将水资源的调配纳入国民经济的投入与产出中，是水资源分配的更高形式。但这种方法的主要缺点是不能处理动态情况或随机过程。

三、不同部门用水合理分配的数学模型举例

（一）配水费用最小的线性规划模型

某地区拟从 n 个水源输水至 m 个用水部门，这些用水部门包括若干个灌区、城镇工矿区、水产养殖区等。由于从各水源到各个用水部门的输水线路长短以及地形条件不同，而线性规划的目标是满足各部门的用水需求，试求总输水费用最小时的水量调配策略。这里，任一水源可以单独输水至用水部门 1 或 2，3，…，m，也可以是一个水源同时向 2 个用水部门、3 个部门，…，m 个部门输水。其最优水量调配的线性规划模型为

目标函数
$$\min Z = \sum_{i=1}^{n}\sum_{j=1}^{m} C_{ij}X_{ij} \tag{4-35}$$

约束条件
$$\begin{aligned} &\sum_{j=1}^{m} X_{ij} \leqslant V_i \\ &\sum_{i=1}^{n} X_{ij} \geqslant M_j \\ &X_{ij} \geqslant 0 \end{aligned} \tag{4-36}$$

$$(i=1,2,\cdots,n;j=1,2,\cdots,m)$$

式中：C_{ij}为由水源i输水至用水部门j的单位水量费用（元/m^3）；X_{ij}为由水源i调至用水部门j的水量（m^3）；V_i为水源i可提供的总水量（m^3）；M_j为用水部门j所需的总用水量（m^3）。

在求解时，应用单纯形法电算程序，可求得最优调配水量X_{ij}的大小。

（二）大型供水系统水量优化分配的线性规划模型

某大型供水系统由3个供水水库、2个用水城市（分工业、生活用水）和5个农业灌区以及输水渠道等组成（见图4-3）。

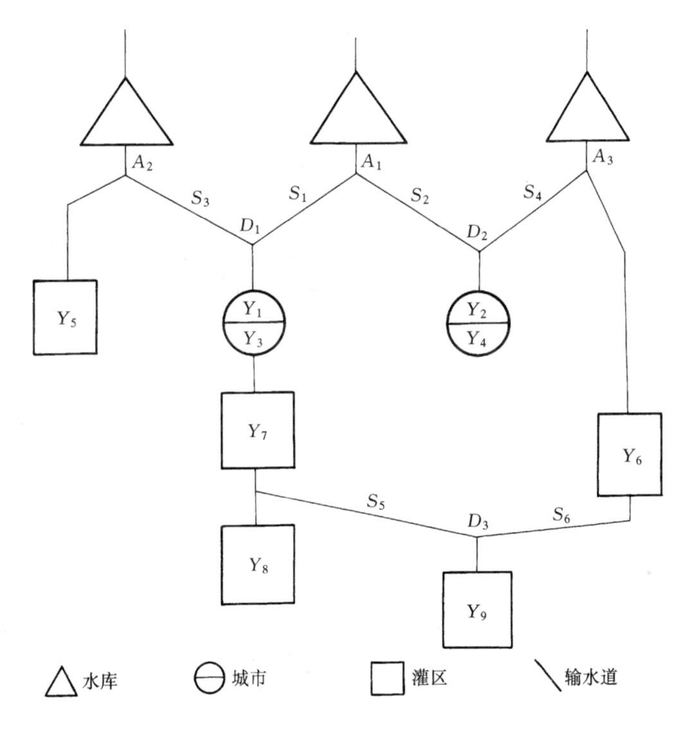

图4-3　某大型供水系统概化图

为了减少模型变量，可以建立供水系统控制点（水流的分叉点和汇合点）约束方程。如图4-3所示，水库A_i（$i=1,2,3$）是供水分叉点，D_i（$i=1,2,3$）是供水汇合点，共有6个控制点。

1.目标函数

$$\max NB=\sum_{i=1}^{9}p_iY_i \tag{4-37}$$

式中：p_i为第i用水区单位用水量的净效益（元/m^3）；Y_i为第i用水区的用水量（m^3）。

2.约束条件

(1) 控制点约束

A_1：$S_1/\psi_{s1}+S_2/\psi_{s2}+X_1=V_1$

A_2：$Y_5/\psi_{Y5}+S_3/\psi_{s3}+X_2=V_2$

A_3：$S_4/\psi_{s4}+Y_6/\psi_{Y6}+S_6/\psi_{s6}+X_3=V_3$

D_1：$S_1+S_3\geqslant Y_1/\psi_{Y1}+Y_3/\psi_{Y3}+Y_7/\psi_{Y7}+Y_8/\psi_{Y8}+S_5/\psi_{s5}$

D_2：$S_2+S_4\geqslant Y_2/\psi_{Y2}+Y_4/\psi_{Y4}$

D_3：$S_5+S_6\geqslant Y_9/\psi_{Y9}$ (4-38)

式中：V_i 为第 i 水库供水量（m^3）；S_i 为从上游控制点至下游控制点的供水量（m^3）；X_i 为第 i 水库弃水量（m^3）；ψ_{si}为上游控制点至下游控制点的输水利用系数；ψ_{Yi}为控制点至用水区的输水利用系数。

（2）需水上限约束

$$Y_i\leqslant w_i \quad (i=1,2,\cdots,9) \tag{4-39}$$

式中：w_i 为第 i 用水区的最大需水量。

（3）非负约束

$$\begin{aligned} Y_i &\geqslant 0 \quad (i=1,2,\cdots,9) \\ S_i &\geqslant 0 \quad (i=1,2,\cdots,6) \\ X_i &\geqslant 0 \quad (i=1,2,3) \end{aligned} \tag{4-40}$$

上述模型为一有 15 个约束条件、18 个变量的线性规划模型，可用单纯形法电算程序求解。

第五章　水资源合理利用与节约

第一节　概　　述

我国是水资源相对贫乏的国家，随着社会经济发展，很多地区已出现水资源的供需矛盾，尤其是我国北方缺水更为严重，供求矛盾日趋尖锐，水资源的短缺已越来越严重地制约社会经济的发展和人民生活的提高。通过开发新的水源及跨流域的调水，可以缓解部分地区的缺水问题，但往往工程艰巨、投资大，问题常比较复杂，实现的难度大，更何况它们不可能改变我国人均水资源占有量低下的根本状况。因此，解决我国水资源供需矛盾的根本出路，在于对水资源的有计划合理利用和厉行节约，也就是说必须以节流为基本对策，建立节水型社会，即建立节水型工业、节水型农业和节水型城市。

为了实现水资源的合理利用和节约，首先应解决水资源统一管理的体制，将地表水、地下水及城市废污水等统一管理起来，建立不同层次的水研究机构，从战略、政策和技术上进行综合研究，以流域和地区进行规划，有计划地统一调度和分配，以达到对水资源合理利用的目的。

其次是建立新的管水战略。所谓新的管水战略，简单地说就是加强用水管理，提高用水效率，向节水型经济作战略转移。为此必须首先改变认为水在自然界可以取之不尽、用之不竭的旧观念，建立起科学的、新的概念：水是维系着经济和生态系统的关键性要素，它是不可替代的物质，而且是有限的、可以枯竭的。在此认识基础上，对水资源从全局出发进行宏观调控，在供需平衡分析中，不把用水需求量看成是必须供给的量，而认为是受资源约束和市场调节共同作用的量。在国家经济发展与生产力配置上体现出“以水定点，以水定产”的方针，调整产业结构，优先发展效益大、省水、少污染的工业和农业，严格控制在缺水地区安排大耗水的工矿企业。对各项用水的主要参数，如用水定额、水的利用率和污水处理水平等，提出控制性指标和要求。建立用水的审计系统，严格限制用水。制定特殊干旱年份的水量压缩政策和分配原则。制定新的投资政策，将以往重视投资新水源开发转变到优先投资于节水工程、节水设备，以及污水处理和再利用设施。只有实行新的管水战略及相应的一系列政策措施，才能逐步理顺水资源的供求关系，使我国有限的水资源最大限度地为发展国民经济和提高人民生活水平服务。

此外，还应改革制定合理的水费制度。以往我国单纯地把水看成是一种公益事业、福利事业，不计成本、不讲核算，很多地方无偿使用或水费标准极低，农业用水按耕地面积均摊，城市居民用水按人头均摊。水费普遍偏低，不能反映供水成本，调动不了节水的积极性，促使了水的滥用浪费。同时，供水单位经济效益低下，不能维持正常运营，更无法扩大再生产，致使水利工程年久失修，无以为继。为了改变这种状况，必须运用商品经济的理论进一步改革水费制度，核算成本计收水费。通过采取不同的水费标准，促进水资源分配合理化。对用水建立严格的定量、定时供应，超用加价，浪费受罚，节约受奖的管理制度。只有这样，才能发挥征收水费的经济杠杆调节作用，使它成为合理供水和节水的潜在推动力，并使供水部门的工程设施的运行维修管理处于良性循环状态。

第二节 农 业 用 水

我国在相当长的历史时期是以农立国。水利建设尤其是农田水利的发展，不仅对于我国社会经济的发展起着重要作用，而且也是中华民族生存和发展的一个重要条件。“兴水利，而后有农功；有农功，而后裕国”，“水利是农业的命脉”，充分说明了水利事业在农业生产，以及在整个国民经济中的重要地位。

我国现有人口11亿3千多万，农村人口占了大多数；现有耕地15亿亩，灌溉面积约7.2亿亩，占耕地面积48%；农业用水是第一用水大户。据1978～1979年的资料统计，全国农业用水4195亿m^3，占全国总用水量的88%。在农业用水中，农田灌溉用水量为4001亿m^3，占全国总用水量的84%；农村人畜用水为137亿m^3，约占3%；牧业、养鱼等其他用水57亿m^3，占1.2%。以上数字表明，我国农业用水在总用水中所占比重很大，而其中绝大部分又用于农田灌溉。所以，水资源的合理和节约利用的关键首先就在于合理安排农田灌溉用水。

一、水与农作物的关系

水和农作物的生长发育有着极其密切的关系，这是由于水既是农作物生理活动的必备条件，又对农作物的生活环境有着直接或间接的关系。

（一）水与农作物生理活动的关系

1. 水是作物组织的重要成分

作物体内含有大量的水，通常占其鲜体重的70%～80%，而蔬菜和块茎作物水分要占到90%～95%以上。作物细胞原生质中一般含水90%左右。只有在原生质含水充足时，细胞才能进行旺盛的代谢活动。如果水分逐渐减少，原生质胶体会由溶胶状态变成凝胶状态，代谢作用逐渐减弱，甚至引起代谢紊乱而死亡。

2. 水能保持作物固有形态

作物体内含水充沛时，才能使各部分处于膨胀状态，植株挺立、叶片舒展，保持应有的姿态，便于接收阳光的照射和与周围环境进行气体交换，形成旺盛的生理代谢活动。

3. 水是作物制造有机质的重要原料

作物生长的过程，就是体内有机质不断积累的过程。这些有机物质主要是碳水化合物（糖、淀粉等）、脂肪、蛋白质，它们都是绿色植物以水和二氧化碳为原料利用光能通过光合作用直接或间接合成的，因此水是光合作用的原料之一。

4. 水是作物所需养料的溶剂

有机物质的合成和分解必须以水为介质；土壤中的肥料（矿物盐）必须溶解在水中方能被作物根系吸收；作物体内矿物元素和有机物的运输也必须以水溶液状态才能输送到植株的各个部位。因此可以说，作物体内一切代谢作用，都必须在水中才能进行。

5. 水是维持作物叶面蒸腾的必备条件

作物根系从土壤中吸取的水分，一小部分用作光合作用的原料，而绝大部分通过叶片的气孔以蒸汽的形式扩散到大气中去，这就是作物的蒸腾作用。蒸腾作用对作物生活有着重要意义。作物的蒸腾失水过程中带走大量的热而降低体温，使作物保持较稳定的温度，避免由于日光强烈照射使体温剧烈升高而受害。

（二）水与作物生活环境的关系

1. 水对土壤温度的影响

作物生长发育需要一定的土壤温度条件，土壤温度过高、过低或急剧变化对作物生长发育都是不利的，而土壤水分状况对土壤温度有显著的影响。这是因为水的热容量比空气大3300倍，水的导热率也比空气高25倍。因此，在白天湿润的土壤比干燥土壤能吸收更多的太阳辐射热，并将其向土壤深层传导，表土的温度不会急剧升高；在夜间气温下降时，湿润的土壤较干燥的土壤释放热量慢，而且深层土壤的热量又能较快地向上输送，使表土的温度不会急剧下降。但土壤过湿对温度状况也是不利的。例如北方的粘淤土、盐碱土和南方的冷浸田等下湿地，由于地下水位高，土壤含水过多，导致土温很低，不利于作物生长发育。生产实践中根据气温变化和作物生长发育的需要，采取适当的灌排措施，可以使土壤保温、增温或降温，起到“以水调温”的作用。

2. 水对土壤养分的影响

土壤水分和土壤空气都存在于土壤孔隙中，它们常互相矛盾、互为消长。水分的多少直接影响到土壤的通气性，而土壤空气状况又影响土壤养分状况。在土壤中空气充足的情况下，好气性微生物活跃，使潜在养分形态的有机质分解为速效形态的无机盐类，供作物吸收利用；土壤水分过多则通气不良，就会影响有机质的分解，造成速效养分供应不足。但如果土壤水分过少，土壤中有机质矿物质化作用过强，消耗过快，则不利于养分的保存和积累。生产上通过合理灌排，“以水调肥”，可以控制土壤养分的分解和转化的方向，使既有利于作物吸收利用，又有利于培肥土壤。

3. 水对农田小气候的影响

农田小气候是指接近地面2m内的空气温度、湿度、光照、风等气候状况，它是作物生长发育的重要环境条件。由于水分蒸发的影响，湿润的土壤比干燥的土壤，其近地的空气湿度大，近地气温的昼夜变幅小。农业生产中在高温季节可利用灌溉来防止高温和干热风的危害；在低温季节可防止低温和霜冻的危害。无论是旱作物或水稻，都可通过控制土壤的干湿来影响田间小气候，从而抑制某些病虫害的发生，促进作物正常生长发育。

二、灌溉用水量

（一）农作物田间需水量

1. 农田水分消耗的途径

农田水分消耗有三种途径：

1）作物的叶面蒸腾。作物根系从土壤中吸收的水分，有99%以上通过叶面蒸腾散失在大气中。叶面蒸腾是作物生理活动的基础之一，因而是正常的、有效的水分消耗。

2）棵间蒸发。对于旱田就是棵间土壤蒸发，对于水田则是棵间水面蒸发。棵间蒸发一般被认为是水的无效消耗，但它对于田间小气候有一定调节作用。

3）深层渗漏。当作物根系活动层中土壤含水量超过田间持水量时，它就会下渗到根系活动层以下去，这种现象称为深层渗漏。对于旱田，深层渗漏会造成水肥流失，应予防止；对于稻田，适当的渗漏可以调节土壤的气、热状况，消除某些有毒物质，但渗漏量过大也会造成水肥流失。

一般将农田中消耗的总水量（即上述三项消耗之和）称为田间耗水量；不考虑渗漏水量，只将植株蒸腾与棵间蒸发两项所消耗的水量加起来，称为作物田间需水量，也叫田间腾发量。

2. 作物田间需水量的估算

作物田间需水量的大小与气象条件（温度、日照、湿度、风速等）、土壤性状及含水状况、作物种类及其生长发育阶段、农业技术措施和灌溉排水方法等有关，即受着大气—作物—土壤综合系统中众多因素的影响，且这些因素对需水量的影响又是互相关联的、错综复杂的。所以，现时尚难从理论上对作物田间需水量作出精确的计算。为此，目前在生产实践中采用两方面的途径来解决：一方面是通过田间试验的方法直接测定；另一方面是采取某些经验性公式或半理论性公式进行计算。下面简介几种常用的估算方法。

（1）蒸发器法（α 值法）大量灌溉试验资料表明，水面蒸发量与作物田间需水量之间存在一定程度的相关关系，因此可以用水面蒸发量这一参数来衡量作物田间需水量的大小，计算公式为

$$E = \alpha E_s \tag{5-1}$$

或

$$E = \alpha E_s + b \tag{5-2}$$

式中：E 为某时段（月、旬、生育阶段、全生育期）内的作物田间需水量（mm）；E_s 为与E 同时段的水面蒸发量（一般指 80cm 口径蒸发皿的蒸发值）（mm）；α 为需水系数，由实测资料分析确定，一般条件下，水稻 $\alpha=0.80\sim1.57$，小麦 $\alpha=0.30\sim0.90$，棉花 $\alpha=0.34\sim0.90$，玉米 $\alpha=0.33\sim1.00$；b 为经验常数，由实测资料分析确定。

由于只要求具有水面蒸发量资料，而水面蒸发量资料又易于获得，所以 α 值法在国内外都有广泛应用。此法适用于水稻及土壤水分充足的旱作物的田间需水量计算。

（2）产量法（k 值法）农作物的产量是受太阳能的积累与水、土、肥、气诸因素及农业措施综合作用的结果。在一定的气象条件下和一定的产量范围内，作物田间需水量随产量的提高而增加。但两者并不成直线比例关系，随着产量的提高，单位产量的需水量逐渐减少，当产量达到一定水平后，单位产量的需水量将趋于稳定。以产量为指标计算作物田间需水量的公式为

$$E = kY \tag{5-3}$$

或

$$E = kY^n + c \tag{5-4}$$

式中：E 为作物全生育期的田间总需水量（m^3/亩）；Y 为作物单位面积产量（kg/亩）；k 为需水系数，即单位产量所消耗的水量，根据试验资料确定，一般水稻 $k=0.50\sim1.15$，小麦 $k=0.60\sim1.70$，玉米 $k=0.50\sim1.50$，棉花 $k=1.20\sim3.40$（m^3/kg），n 为经验指数，根据试验确定，一般 $n=0.3\sim0.5$；c 为经验常数，根据试验确定，小麦一般 $c=11.3\sim16.0$。

k 值法简便易行，只要确定了作物计划产量即可计算出它的田间需水量，因此曾在我国得到广泛应用。这一方法主要适用于确定供水不充分的旱作物的田间需水量。

（3）综合法（彭曼法）作物在腾发过程中需要克服一定的阻力，从而要消耗一定的能

量。该法就是根据农田能量平衡原理，水汽扩散原理和空气导热定律，推导出半经验性公式，即彭曼公式。彭曼法由于一方面理论性强，计算误差较小，另一方面也参考经验资料作了简化，只要具有一般的气象资料便可计算，因此国际上广泛应用，是联合国粮农组织推荐的主要方法之一。具体计算时分两步来进行，先根据气象资料计算出参考作物腾发量（也称潜在腾发量），再根据作物需水特性乘以作物系数，得出作物需水量。计算公式有如下形式

$$E_0 = C[WR_n + (1 - W)f(V)(e_a - e_d)] \tag{5-5}$$

$$E = k_c E_0 \tag{5-6}$$

式中：E_0 为参考作物腾发量（mm/d）；E 为作物需水量（mm/d）；R_n 为太阳净辐射量，以所能蒸发的水量计（mm/d）；$f(V)$ 为风函数，可按经验公式 $f(V) = 0.27\left(1+\frac{V}{100}\right)$ 计算，其中 V 为2m高处的平均风速，以km/d计；e_a 为平均气温条件下的饱和水气压（hPa）；e_d 为实际平均水气压（hPa）；W 为取决于温度与高程的加权系数；C 为考虑白天与夜晚天气影响的修正系数；k_c 为作物系数，反映作物的需水特性。

因篇幅所限，本教材对彭曼法不能详述，需进一步了解时可参考《喷灌工程设计手册》（水利电力出版社）、《灌溉原理与应用》（科学普及出版社）等有关书籍。

表5-1列出我国主要粮棉作物全生育期内田间需水量的变化范围。

表5-1　我国主要粮棉作物田间需水量变化范围

作　物	地　区	全生育期内田间需水量（m^3/亩）		
		干旱年	中等年	湿润年
一季稻	东　北	250～500	220～500	200～450
一季稻	黄河流域及华北沿海	400～600	350～500	250～500
中　稻	长江流域	400～500	300～500	250～450
一季晚稻	长江流域	500～700	450～650	400～600
双季早稻	长江流域	300～450	250～400	200～300
双季晚稻	华　南	300～400	250～350	200～300
冬小麦	华　北	300～500	250～400	200～350
	黄河流域	250～450	200～400	160～300
	长江流域	250～450	200～350	150～280
	东　北	200～300	180～280	150～250
	西　北	250～350	200～300	—
棉　花	西　北	250～500	300～450	—
	华北及黄河流域	400～600	250～500	300～450
	长江流域	400～650	300～500	250～400
玉　米	西　北	250～300	200～250	—
	华北及黄河流域	200～250	150～200	130～180

（二）农作物的灌溉制度

农作物的灌溉制度是指作物播种前（或水稻插秧前）和整个生育期内合理地进行灌溉的一整套制度，包括灌水次数、每次灌水时间、灌水定额和灌溉定额。灌水定额是指一次

灌水单位面积上的灌水量，灌溉定额是指播前和全生育期各次灌水定额之和，它们的单位常以 m^3/亩或 mm 水层深表示。灌溉制定是灌区规划设计及管理的重要依据。

灌溉制度随作物种类、品种、自然条件及农业技术措施的不同而变化，必须从当地、当年的具体条件出发进行分析研究，通常采用以下三种方法制定作物灌溉制度。

1．总结群众丰产灌水经验

各地农民群众在长期的生产实践中积累起来的适时适量进行灌溉夺取作物高产稳产的丰富经验，是制定灌溉制度的重要依据。通过调查总结，确定典型气候年份的灌溉制度，作为灌溉工程规划设计的依据，通常是可行的办法。表 5－2 和表 5－3 示出总结自群众经验的几种灌溉制度。

表 5－2　湖北省水稻灌溉定额表（中等干旱年）

项　目	早　稻	中　稻	一季晚稻	双季晚稻
泡田定额（m^3/亩）	70～80	80～100	70～80	30～60
灌溉定额（m^3/亩）	200～250	250～350	350～500	240～300
总灌溉定额（m^3/亩）	280～320	380～450	420～550	280～350

表 5－3　我国北方几种旱作物的灌溉制度表（干旱年）

作　物	灌水次数	灌水定额（m^3/亩）	灌溉定额（m^3/亩）
小　麦	3～6	40～80	200～300
棉　花	2～4	30～40	80～150
玉　米	3～4	40～60	150～250

2．根据灌溉试验资料制定灌溉制度

我国各地先后建立了不少灌溉试验站，开展作物需水量、灌溉制度和灌水技术等项试验，有的已有几十年资料，为制定作物灌溉制度提供了重要的依据。

3．按水量平衡原理分析制定灌溉制度

这一方法是根据设计典型年的气象资料和作物需水要求，通过水量平衡计算，拟定出灌溉制度。

（1）水稻田水量平衡方程式　在水稻生育期中任何一个时段内，稻田田面水层的消长变化可用以下水量平衡方程式表示

$$h_1 + P + m - E - C = h_2 \tag{5-7}$$

式中：h_1 为时段初田面水层深度；h_2 为时段末田面水层深度；P 为时段内的降雨量；m 为时段内的灌水量；E 为时段内的田间耗水量；C 为时段内的排水量。

（2）旱作田水量平衡方程式　在旱作物生育期中任何一个时段内，土壤计划湿润层内储水量的消长变化可用以下水量平衡方程式表示

$$W_0 + \Delta W + P_0 + K + M - E = W_t \tag{5-8}$$

式中：W_0 为时段初土壤计划湿润层内的储水量；W_t 为时段末土壤计划湿润层内的储水量；ΔW 为由于计划湿润层加深而增加的水量；P_0 为时段内保存在计划湿润层内的有效

雨量；K 为时段内的地下水补给量；M 为时段内的灌水量；E 为时段内作物田间需水量。

根据上述水量平衡方程式，在具备有各项计算参数的情况下，以各生育期田面适宜水层的上下限为限制条件（水稻田）或以土壤计划湿润层允许最大和最小储水量为限制条件（旱作田），逐时段地进行水量平衡计算（列表法或图解法），便可求出作物的灌溉制度。

（三）灌溉用水量

1. 灌溉水的利用效率

为了对农田进行灌溉就需要修建一个灌溉系统，以便把灌溉水输送、分配到各田块。一般的灌溉系统主要由各级渠道连成的渠道网及渠道上的各类建筑物所组成。渠道的级数视灌区面积和地形等条件而定，常分为五级，即干渠、支渠、斗渠、农渠和毛渠。农渠为末级固定渠道，农渠以下的毛渠、输水沟和灌水沟、畦等为临时性工程，统称为田间工程。

一个灌溉系统由渠首将水引入后，在各级渠道的输水过程中有蒸发、渗漏等水量损失，水到田间后，也还有深层渗漏和田间流失等损失。为了反映灌溉水的利用效率，衡量灌区工程质量、管理水平和灌水技术水平，通常用以下四个系数来表示：

（1）渠道水利用系数（$\eta_{渠}$）是指某一条渠道在中间无分水的情况下，渠道末端放出的净流量（$Q_{净}$）与进入渠道首端的毛流量（$Q_{毛}$）之比值，即

$$\eta_{渠} = \frac{Q_{净}}{Q_{毛}} \tag{5-9}$$

（2）渠系水利用系数（$\eta_{系}$）是指整个渠道系统中各条末级固定渠道（农渠）放出的净流量，与从渠首引进的毛流量的比值，反映了从渠首到农渠的各级渠道的输水损失情况，其数值等于各级渠道水利用系数的乘积，即

$$\eta_{系} = \eta_{干}\eta_{支}\eta_{斗}\eta_{农} \tag{5-10}$$

（3）田间水利用系数（$\eta_{田}$）是指田间所需要的净水量与末级固定渠道（农渠）放进田间工程的水量之比，表示农渠以下（包括临时毛渠直至田间）的水的利用率。

（4）灌溉水利用系数（$\eta_{水}$）是指灌区灌溉面积上田间所需要的净水量与渠首引进的总水量的比值，其数值等于渠系水利用系数和田间水利用系数的乘积，即

$$\eta_{水} = \eta_{系}\eta_{田} \tag{5-11}$$

2. 灌溉用水量计算

灌溉用水量是灌区需要水源供给的灌溉水量，其数值与灌区各种作物的灌溉制度、灌溉面积以及渠系输水和田间灌水的水量损失等因素有关。一般将灌溉面积上实际需要供水到田间的水量称为净灌溉用水量，而将净灌溉用水量与损失水量之和，也就是从水源引入渠首的总水量，称为毛灌溉用水量。

任何一种作物某次灌水所需要的净灌水量，为灌水定额与灌溉面积之乘积，即

$$w_{净} = m\omega \tag{5-12}$$

式中：$w_{净}$ 为某作物某次灌水的净灌水量(m^3)；m 为该作物该次灌水的灌水定额(m^3/亩)；ω 为该作物的灌溉面积(亩)。

全灌区任何一个时段内的净灌溉用水量，是该时段内各种作物净灌溉用水量之和，即

$$W_{净} = \sum w_{净} \tag{5-13}$$

有了净灌溉用水量后，按下式计算毛灌溉用水量

$$W_{毛} = \frac{W_{净}}{\eta_{水}} \tag{5-14}$$

式中：$\eta_{水}$ 为灌溉水利用系数。

三、农业的合理与节约用水

如前所述，在我国的总用水量中，农业用水占了八成以上，因此对农业用水进行合理安排，实行节约用水，具有重要的战略意义。尤其是在北方，全力推广节水农业，是解决日益尖锐的水资源供需矛盾的必由之路。农业的合理与节约用水措施很多，现归纳简介如下。

（一）调整农业结构和作物布局

在摸清本地区农业水资源区域分布特点和开发利用现状的基础上，结合其他农业资源情况，按因地制宜、适水种植的原则，制定合理的农业结构，调整作物布局，使水土资源优化利用，达到节水、增产、增收的目的。例如华北地区冬小麦生育期正值春季干旱少雨，灌溉需水量大，应集中种植在水肥条件较好的地区，而夏玉米和棉花生育期同天然降水吻合较好，水源条件差的地方也可保产。因此，作物布局有所谓“麦随水走、棉移旱地”的原则。据此，山东省近十几年来对粮棉种植比例作了大的变动，干旱缺水的鲁西北地区棉花播种面积增加，已占总耕地 30%～40%。河北省也提出了“棉花东移”的战略，将棉花从太行山前平原移向黑龙港地区，已使后者成为华北平原的重要产棉区之一。在黑龙港地区内部，又根据水资源短缺，土壤盐渍化重，水土资源分布不平衡等特点，提出“三三制”（粮田、经济作物和旱作各占耕地三分之一）和“四四二”（粮田、经济作物和牧草分别占耕地 40%、40%和 20%）等农业结构模式。

（二）扩大可利用的水源

在统筹兼顾、全面规划的基础上，采取工程措施和管理措施，广开水源，并尽可能做到一水多用，充分利用，将原来不能利用的水转化为可利用的水，这是合理利用水资源的一个重要方面。

我国山区、丘陵地区创建和推广的大中小、蓄引提相结合的“长藤结瓜”系统，是解决山丘区灌溉水源供求矛盾的一种较合理的灌溉系统。它从河流或湖泊引水，通过输水配水渠道系统将灌区内部大量、分散的塘堰和小水库连通起来。在非灌溉季节，利用渠道将河（湖）水引入塘库蓄存，傍山渠道还可承接坡面径流入渠灌塘；用水紧张季节可从塘库放水补充河水之不足。小型库塘之间互相连通调度，可以做到以丰补歉、以闲济急。这样不仅比较充分地利用了山区、丘陵地区可能利用的水源，并且提高了渠道单位引水流量的灌溉能力（一般可比单纯引水系统提高 50%～100%），提高了塘堰的复蓄次数及抗旱能力，从而可以扩大灌溉面积。

黄淮海平原地区推广的群井汇流、井渠双灌的办法，将地面水、地下水统一调度，做到以渠水补源，以井水保灌，不仅较合理地利用了水资源，提高了灌溉保证率，而且有效地控制了地下水位，起到了旱涝碱综合治理的作用。

黄河流域的引洪淤灌，只要掌握得当，不仅增加了土壤水分，而且能提高土壤肥力，

也是因地制宜充分利用水资源的有效方法。

淡水资源十分缺乏的地方，在具备必要的技术和管理措施的前提下适当利用咸水灌溉，城市郊区利用净化处理后的污水、废水灌溉，只要使用得当都可收到良好的效果。

（三）减少输水损失

我国很多灌区由于工程配套不全，管理不善，大多为土质渠道等原因，输水过程中水量损失十分严重，渠系水利用系数相当低。一般大中型自流灌区，其渠系水利用系数为0.4～0.5，北方较好的大中型灌区也只有0.55～0.65，而差的甚至不足0.3，井灌区约为0.6～0.7；南方水稻灌区的渠系水利用系数，高的为0.6～0.8，低的也只有0.35左右。这就是说，从渠首引入的水量有相当一部分，甚至大部分没有被利用，通过渠道和建筑物的渗漏白白浪费掉了。因此，采取措施减少输水损失是节约灌溉水源的重要途径。为了减少输水损失，除加强用水管理、提高管理水平以外，在技术上主要应采取以下措施。

1. 灌区更新改造

我国的农田灌溉工程许多是50年代和60年代修建的，已经运行使用了三四十年，建筑材料及机电设备日趋老化，加之维修保养不善以及人为的破坏，使渠道及建筑物漏水、跑水严重，机井和扬水站等效率降低，灌溉效益锐减。为此亟须加强建筑物和设备的维修养护，重视用新的技术装备对灌区进行更新改造，调整渠系布局，搞好工程配套，才能充分利用水源，提高灌溉效益。国际上很多国家都把老灌区的更新改造作为水利工作的一项重要任务。美国计划通过老灌区的改造，到2000年把渠系水利用系数提高0.1。原苏联则计划通过调整灌排渠系布置，增建必要的建筑物和量水设施，推行管道输水等措施，将老灌区的渠系水利用系数从0.5提高到0.85。

2. 渠道防渗

由于土壤的渗透性较大，故土质渠床输水时的渗漏损失常很严重。对渠道进行衬砌防渗，是提高渠系水利用系数的有效措施，常能收到显著的节水效果。根据国内外资料，一般较大的未衬砌土渠输水水量损失为40%～50%，高的可达60%以上；而衬砌渠道输水损失一般都在20%以下。多年来我国很多灌区重视了渠道衬砌防渗工作，已经取得显著效果，例如陕西人民引洛渠的渠系水利用系数从0.47提高到0.6，内蒙古自治区余太灌区由0.30提高到0.61，广东安揭引韩灌区渠系水利用系数已达到0.72等。

渠道防渗的方法很多，所用衬砌材料主要有混凝土、石料、沥青和塑料薄膜等，选用时要在保证一定防渗效果的前提下，注意因地制宜，就地取材，以做到技术可靠，经济合理。

3. 管道输水

以管道代替明渠输水，不仅减少了渗漏，而且免除了输水过程中的蒸发损失，因此比渠道衬砌节水效果更加显著，在国外的灌溉系统中日益广泛地被采用。近年来，我国北方井灌区试验推广以低压的地下和地面相结合的管道系统代替明渠输水，用软管直接将水送入田间灌水沟、畦，证明可节约水量30%以上，渠系水利用系数可提高到0.9以上。此外，采用管道输水还少占了耕地，提高了输水速度，省时省工，有利作物增产。

为适应低压输水的需要，已研制成功用料省的薄壁塑料管和内光外波的双壁塑料管，开发了多种类型的当地材料预制管，如砂土水泥管、水泥砂管、薄壁混凝土管等。这一节水技术不仅已证明在井灌区是适用的，而且也有必要有计划地逐步推广到大中型自流灌区，则能发挥出更大的节水潜力。

（四）提高灌水技术水平

良好的灌水方法不仅可以保证灌水均匀，节省用水，而且有利于保持土壤结构和肥力；不正确的灌水方法常使灌水超量而形成深层渗漏，或跑水跑肥冲刷土壤，造成用水的浪费。因此，正确地选择灌水方法是进行合理灌溉，节约灌溉水源的重要环节。

1. 改进传统灌水技术

传统的灌水技术是地面灌溉的方法。根据灌溉对象的不同，地面灌溉又可分为畦灌（小麦、谷子等密播作物以及牧草和某些蔬菜）、沟灌（棉花、玉米等宽行中耕作物及某些蔬菜）、淹灌（水稻）等不同形式。目前我国95%以上的灌溉面积仍采用地面灌溉，因此它的状态如何对节约用水举足轻重。我国具有悠久的灌溉历史，不乏精耕细作、科学灌水的好经验，但耕作粗放、大水漫灌的情况仍存在于不少地方，造成田间灌水量的严重浪费。下面择要列出改进地面灌溉技术的一些措施。

（1）平整地面　田面不平整常是大水漫灌，灌水质量低劣的主要原因之一，严重时造成地面冲刷，水土流失。因此，平原地区高标准平整田面，建设园田化农田；山丘地区改坡耕地为水平梯田，是提高灌溉效率的一项根本措施。据国外研究，3cm的不平整度，就可能使田间多耗水40%。近年来美国采用激光制导的机械平整土地，误差小（仅15mm），灌水定额可大幅度减小。

（2）小畦灌溉　在畦灌的地方，应在平整土地的基础上，改大畦长畦为小畦，才能避免大水漫灌和长畦串灌。有关资料表明，灌水定额与畦的大小、长短关系很大，当每亩畦数为1～5个时，灌水定额可达100～150m^3/亩；而当每亩畦数增加到30～40个时，灌水定额可减至40～50m^3/亩。因此，推行耕作园田化，采用小畦浅灌，对节约用水有显著效果。

（3）细流沟灌　沟灌时控制进入灌水沟的流量（一般不大于0.1～0.3L/s），使沟内水深不超过沟深的一半。这样，使灌水沟中水流流动缓慢，完全靠毛细管作用浸润土壤，能使灌水分布更加均匀，节约水量。

（4）单灌单排的淹灌　水稻田的淹灌是将田面做成一个个格田，将水放入格田并保持田面有一定深度的水层。格田的布置应力求避免互相连通的串灌串排方式，而应采用单灌单排的形式，即每个格田都有独立的进水口和出水口，排灌分开，互不干扰，才能避免跑水跑肥，冲刷土壤、稻苗的现象，并有利于控制排灌水量，节约用水。

2. 采用先进灌水方法

目前国际上业已发展起来的先进节水灌水方法主要有喷灌、滴灌、微喷灌和渗灌等。

（1）喷灌　它是利用水泵（也可利用天然水头）及管道系统将有压水送到灌溉地段，并通过喷头喷射到空中散成细小的水滴，像天然降雨那样对作物进行灌溉。喷灌不仅因使用管道输水免除了输水损失，而且只要设计合理，喷灌强度和喷水量掌握得好，即使地面不平整也可使灌水均匀，不产生地面径流和深层渗漏，一般可比地面灌溉节水1/3～1/2。据北京市资料，冬小麦地面灌溉亩次灌水量一般为50～60m^3，全生育期亩灌水量达300～350m^3；喷灌亩次灌水量一般为20m^3，全生育期150～200m^3，喷灌比畦灌减少灌水量

50%左右。北京市顺义县麦田喷灌化后可把以往由密云水库引取的每年1.2亿m^3灌溉用水压缩下来，让给城市居民与工业用水，为缓解首都用水紧张作出贡献。

（2）滴灌　是利用一套低压塑料管道系统将水直接输送到每棵作物根部，由滴头成点滴状湿润根部土壤。它是迄今最精确的灌溉方式，是一种局部灌水法（只湿润作物根部附近土壤），不仅无深层渗漏，而且棵间土壤蒸发也大为减少，因此非常省水，比一般地面灌可省水1/2～2/3。目前主要用于果园和温室蔬菜的灌溉。

（3）微喷灌　它是由喷灌与滴灌相结合而产生的，既保持了与滴灌相接近的小的灌水量，缓解了滴头易堵塞的毛病，又比喷灌受风的影响小，是近年来发展起来并很有前途的灌水技术。

（4）渗灌　是利用地下管道系统将灌溉水引入田间耕作层，借土壤的毛细管作用自下而上湿润土壤，所以又称地下灌溉。渗灌具有灌水质量好，蒸发损失小等优点，节水效果明显。它适用于透水性较小的土壤和根系较深的作物。

（五）实行节水农业措施

结合各地的气候、水源、土壤、作物等条件，因地制宜地采用各种农业技术措施，厉行节水，确保产量，是很有意义的。

1.蓄水保墒耕作技术

我国农民在长期的生产实践中创造了丰富的农田蓄水保墒耕作技术，以充分利用天然降水。例如增施有机肥料改良土壤结构，以提高土壤吸水和保水性能；适时耕锄耙耱压，以改善耕层土壤的水、热、气状况，增加蓄水减少蒸发；汛期引洪漫地，冬季蓄雪保墒等等，都是尽量利用土壤本身储存更多的水量以供作物利用的行之有效的措施。

2.田面覆盖保水技术

农田耗水中作物蒸腾量和土壤蒸发量大体各占一半，因此，减少棵间土壤水分的蒸发损失，是提高作物对水的利用率的关键所在。采取田面覆盖是抑制土壤蒸发的有效措施。覆盖的方法很多，如就地取材的秸秆、生草、麦糠、畜粪、沙土覆盖，近年来发展起来的塑料薄膜覆盖，以及使用各种化学保水剂、结构改良剂等，因地制宜地采用，均可收到保水、增温的良好效果。河北省用麦秸覆盖夏玉米，从7月中旬到9月下旬覆盖2个多月，可减少土壤蒸发50～60mm，相当于灌溉一次水的水量。北京冬灌后地膜覆盖的麦田，到次年开春解冻时土壤含水量仍接近田间持水量，可免浇返青水。中科院地理所在山东试验，地膜覆盖可使无效蒸发降低60%，麦糠覆盖可降低40%。

3.节水灌溉制度

以往我们比较注意对农作物充分供水来获取高产，结果常使水分的利用率不高。在水资源紧缺的情况下，不应盲目追求单位面积最高产量，而应以提高灌溉水的经济效益为目标，针对不同气候条件和不同作物，在与施肥和其他田间管理措施相配合的情况下，限制灌溉水量，浇好关键水，可以达到经济效益高，甚至减水不减产的结果。例如北方冬小麦是用水最多的大田作物，以往丰产田常要灌水5、6次甚至7、8次，灌溉定额400m^3/亩以上；一般的也要浇3次以上。中科院南京土壤所在河南封丘地区进行麦田低定额灌溉试验表明，在中等施肥水平下，只灌一次拔节水可获得与当地常规灌3次水相当的产量（250kg/亩）；在充分施肥的情况下，即使不灌溉（雨养麦田）也能获得较高的产量。又如中科院石家庄农业现代化研究所在河北南皮县的试验，有机质含量在1%以上的地块，只灌2次水，亩灌水量80m^3左右，亩产量可达350～400kg，平均每生产1kg粮食仅用水0.22m^3。

传统的水稻灌溉方法是淹灌，生长期内除短期烤田外，田面都保持一定深度的水层，灌溉定额达800m^3/亩以上。我国南方各地，根据水稻在不同自然环境下的生理、生态需水要求，总结出不同的丰产省水灌溉制度。如江西、广西等地推行薄水插秧、浅水养苗、湿润灌溉、落干晒田相结合的灌溉制度，比原来的浅水淹灌每亩可省水30～40m^3，增产7%～10%。安徽省休宁县试验水稻“浅—温—晒”的灌溉技术，也收到了保肥、保土、节水和增产的效果。东北和北京等地实行水稻旱种，即在浇足底墒水的基础上播种，出苗后旱长1个月，到4～5片叶龄时开始浇水，湿润灌溉，前旱后水，灌溉定额仅为350～500m^3/亩，也可获得400kg/亩左右的产量。辽宁省水稻旱种试验可节水30%～50%.

第三节　工　业　用　水

一、用水特点

工业生产用水大致可分为三大类：

(1) 冷却用水　在火力发电、冶金、化工等工业中，用于冷却的水数量相当大。火力发电的冷却水约占其总用水量的95%以上。一个工业发达区，冷却用水可占工业总用水量的70%左右。

(2) 空调用水　某些工业产品要求在一定的温度和湿度环境下生产，因此需要用水来调节生产环境，这就是空调用水。纺织、电子仪表、精密机床等工业需要较多的空调用水。

(3) 产品用水　也称工艺用水，它又可分为两类：一类是水作为产品的原料，成为产品的组成部分，如食品和某些化工产品等；另一类是作为生产的介质，参与生产过程，但不是产品的组成部分，如造纸、印染、电镀等工业。生产后排出的水就是工业废水。

工业生产用水的特点可归纳为以下几点。

1. 数量较大

工业用水在总用水量中占有相当大的比重。我国70年代末年工业总用水量约523亿m^3，占全国总用水量11%，并占城市总用水量91%。工业发达国家，工业用水所占比重还要大得多，例如早在60年代中期，西德工业用水量占总用水量70%，捷克为81%，60年代末英国为76%，法国为41%，苏联为36%，而70年代中期美国为44%。无疑，随着我国工业化水平的提高，工业用水量必然增加，它所占的比重将逐渐提高。据有关部门预计，到本世纪末，我国年工业用水量为1264亿m^3，将占全国总用水量（7345亿m^3）的17%。

2. 增长速度快

工业的高速发展，使工业用水量增长速度很快，并且大大超过农业和城市生活用水量的增长速度。有关资料表明，20世纪以来，全世界农业用水量增长了7倍，城市生活用水量增长了11.5倍，而工业用水量却增长了36倍。自60年代初到80年代中的25年中，世界工业用水就增加了 2.5 倍。建国以来我国工业高速发展带来工业用水量猛增，到 1979 年比解放初期增加了 18 倍。根据调查自 60 年代到 70 年代，我国工业用水量年增长率为 5.6%～6.8%。由于近年来节约用水的大力开展，工业用水量的增长速率有所降低。

3. 用水集中

由于大工业多集中于城市附近及某些工业基地，使取水集中，更加剧了局部地区水资源供求矛盾的严重程度，常常形成工业用水与城市生活和郊区农业争水的局面。例如我国能源基地太原市工业用水占了城市总用水量的 70%以上，另外如北方工业发达的大同、北京、天津、青岛等城市，水资源矛盾非常尖锐。

4. 用量差异大

工业生产用水的数量，不仅因生产性质和产品的不同而相差悬殊，即使同一种产品，由于生产工艺、设备类型、管理水平以及地区条件等不同，其用水量差异也很大。电力、化工、造纸、冶金等工业是用水大户，如造纸、人造纤维每吨产品用水量均高达 $1000m^3$ 以上。这些行业的单位产品用水量大大超过其他工业部门。但同是钢铁工业，吨钢取水量唐山钢铁厂为 $56.6m^3$，首钢为 $25.7m^3$，宝钢为 $12m^3$，而美、英、西德等国仅为 $4\sim5m^3$。又如炼油厂每炼 1 吨原油一般需水 $20m^3$ 左右，而近年来某些国家炼油厂吨油仅用水 $0.5\sim2m^3$。

5. 节水潜力大

正因为同样的产品生产用水量差异大，因此通过采用新技术、新工艺，提高管理水平，节水的潜力很大。例如一座装机容量 100 万 kW 的火电厂，采用直流式冷却，每年需水 12～16 亿 m^3，若采用循环式冷却则仅需水 1.2 亿 m^3，可节水 90%以上。目前我国炼 1 吨原油需冷却水 $20\sim30m^3$，若采用气冷，则不需要用水。近些年来我国工业生产大力推广节水措施，已收到明显的效果。例如河北、山西、天津、北京两省两市化工部门万元产值取水量，从 1980 年的 $1770m^3$ 下降到 1984 年的 $1352m^3$，减少了 24%。北京市 1984 年与 1980 年相比，工业产值增加 33.4%，而工业取水量却减少 31.8%；天津市在此四年间，工业万元产值的取水量由 $300m^3$ 降为 $167m^3$，而工业用水的重复利用率（不含火电厂用水）由 40%提高到 63.2%。然而总的说来，目前我国工业产品耗水量仍相当高，不少行业高出发达国家许多倍，工业用水的重复利用率也远低于发达国家，水量的浪费仍很严重，因此节水仍大有可为。

二、用水量及其预测

（一）工业企业生产用水量标准

工业企业生产用水量常用以下指标表示。

1. 单位产品用水量

单位产品用水量也称为产品用水量定额，是计算工厂企业生产用水量的常用指标。不同的产品有不同的用水量标准，即使同一种产品，也因生产工艺、设备类型和管理水平等不同，其用水量标准差异也很大，因此随着生产技术的发展，单位产品用水量是变化的。在计算生产用水量时，一般应由生产工艺部门提供有关定额资料。在缺乏具体资料时，可参考同类型工业企业用水量标准或实际用水量记录。现将我国现阶段的工业用水量定额标准摘录几项列于表 5-4。表 5-5 列出了国外某些工业用水量标准。

表 5-4　　我国部分工业用水量定额

产品名称	单　位	用水量（m^3）	产品名称	单　位	用水量（m^3）
火力发电			炼　油	t（原油）	20～40
（电机 60 万 kW）			造　纸		280～350
直流水冷	10^3kW·h	130～175	（循环用水）	t	
循环水冷	10^3kW·h	5～6.5	毛　纺	t	45～66
煤　炭	t（原煤）	1～3.5	罐　头	t	35～250
平炉炼钢			啤　酒	t	70～80
水　冷	t	10～25	红霉素	t	160000～240000
汽化冷却	t	6～5	维生素 E	t	360000
石油开采	t（原油）	10～14	长丝锦纶	t	2000～2100

表 5-5　　国外某些工业用水量定额

产品名称	单　位	用水量（m^3）	国　家	产品名称	单　位	用水量（m^3）	国　家
面　包	t	0.6	塞浦路斯	纯　碱	t	1.1～1.2	美　国
水果罐头	t	15～30	比利时	炼　钢	t	3～5	
制　糖	t	10～14	原西德	铁矿石	t	4.5	美　国
啤　酒	1000L	1.5	美　国	采　煤	t	4	原西德
造　纸	t（干纸浆）	137	美　国	化　肥	t	270	美　国
肥　皂	100m^3	9	美　国	鞣　革	t（原材料）	72	美　国

2. 每组生产设备单位时间用水量

各种生产设备有各自的用水定额，根据企业内的生产设备的种类、型号和数量，计算日生产用水量，也是计算企业生产用水量的常用方法。

3. 万元产值用水量

采用万元产值用水量这一指标，不仅可以比较同一产业不同企业间的用水有效程度，而且可以反映不同产业间的用水效益水平。由于统一了单位，因而可以计算一个城市，一个地区，乃至一个国家的工业生产综合用水定额，用于综合反映其产业结构、技术装备和用水管理水平，并可衡量其节水技术水平和效果。

1978 年有关部门对北京市用水量较大的 97 个企业的万元产值用水定额进行了调查，同时对他们的合理用水（提高管理水平，改善用水体系，抓好冷却，温调用水的循环利用和废水再利用以后）也做了估算，其结果列于表 5-6。1984 年北京、天津、河北和山西的万元产值综合用水定额分别为 233m^3、168m^3、646m^3 和 384m^3，青岛市是我国计划用水先进城市，80 年代初万元产值用水量已降至 63m^3，包括利用的海水在内亦仅 129m^3。我国南方丰水地区工业用水定额较高，不少城市万元产值用水量超过 800m^3 或 1000m^3。

4. 水的重复利用率

水的重复利用率也称循环利用率，是指重复利用的水量占总用水量的百分数，可用下式表示

$$\eta = \frac{Q_r}{Q_t} \times 100\% \tag{5-15}$$

或

$$\eta = \frac{Q_r}{Q_l + Q_d + Q_r} \times 100\% \qquad (5-16)$$

式中：η 为重复利用率；Q_t 为总用水量，在设备和工艺流程不变时为定值；Q_r 为重复用水量，包括两次以上的用水量和循环用水量；Q_l 为消耗水量，包括生产过程中蒸发、渗漏等损失和产品带走的水量；Q_d 为排出的水量。

表 5-6　北京 97 个工业企业用水调查*

工业名称	调查工厂个数	现状			合理用水		
		用水量（万 m^3/a）	重复利用率（%）	综合定额（m^3/万元）	用水量（万 m^3/a）	重复利用率（%）	综合定额（m^3/万元）
冶　金	17	15444	67	1126	4400	90.5	335
化　工	32	11043	66	766	6666	78	462
纺　织	15	2897	33.6	267	1532	60	139
造　纸	10	2391	27.1	2165	1460	52	1322
食　品	10	2000	17.5	833	841	61	385
玻　璃	13	645	32.5	453	342	62	240

*　本表摘自《中国水资源初步评价》。

在求得重复利用率的同时，可计算排水率 p 和耗水率 r 为

$$p = \frac{Q_d}{Q_t} \times 100\% \qquad (5-17)$$

$$r = \frac{Q_l}{Q_t} \times 100\% \qquad (5-18)$$

重复利用率是衡量供水有效利用程度的一个重要指标。由于抓了节水措施，我国工业用水的重复利用率逐年提高，但总的水平仍较低，与发达国家相比有较大差距。从全国范围来说，我国工业用水的复用率仅 20%～30%，发达国家已达 60%～80%。据 1986 年对国内 78 座城市调查统计，钢铁、化工、纺织、食品和造纸行业水的复用率分别为 72%、56%、40%、30%和 29%，而国外较先进的水平，钢铁、化工、造纸行业的复用率已达 98%、92%、85%。表 5-7 列出 80 年代我国几个城市工业用水综合重复利用率。

表 5-7　我国几个城市的工业用水重复利用率

城　市	年　份	重复利用率（%）	城　市	年　份	重复利用率（%）
北　京	1982	69.3	本　溪	1980	76.8
上　海	1982	63.1	石家庄	1980	20.0
天　津	1983	51.0	唐　山	1980	40.0
沈　阳	1982	54.0	济　南	1980	30.0
鞍　山	1980	86.5	青　岛	1983	75.8
大　连	1984	80.0	西　安	1982	84.0

（二）工业需水量预测

水资源的利用规划，供水工程规模的确定，都有赖于对需水量准确的预测。工业用水

量与工业化水平、工业结构、工业发展速度，以及节水措施和水的重复利用程度等有关，因此，未来工业结构的变化、工业产值的增长率和可能采用的节水新技术等，是预测未来工业需水量的主要依据。下面简要介绍几种预测方法。

1. 统计分析法

一个稳定发展的城市，工业产值增长是有一定规律的，工业用水量的增长也是有规律的。可以根据以往的有关资料利用数理统计的方法寻求这种规律，从而预测未来的需水量。这就是说，统计分析法是利用历史资料外延推求未来的需水量。由于工业用水量受人为因素（如工业结构的变化、技术装备的革新、节水措施的推行等）的影响甚大，因此对于统计计算结果要进行分析判断，必要时还应对有关统计值进行修正。

根据所掌握的资料情况，又常采用以下几种统计分析方法。

（1）趋势法　如果具有多年的用水量实测资料，而且历年用水量的递增呈现一定的规律，则可以建立用水量发展趋势的模式，来进行预估。

当年用水量的递增率基本稳定时，可用下式预估用水量

$$Q_i = Q_0(1 + p/100)^i \tag{5-19}$$

式中：Q_0 为基准年的用水量；Q_i 为 i 年后预估用水量；p 为年用水量的递增率（%）。

当 p 值呈现递增或递减现象，而其递变率基本平稳时，即

$$p_i = p_1(1 + q/100)^{i-1} \tag{5-20}$$

则

$$Q_i = Q_{i-1}[1 + p_1/100(1 + q/100)^{i-1}] \tag{5-21}$$

式中：p_1 为第一年的用水量递增率；q（%）为用水量递增率 p（%）的递变率，q 为正值时，p 逐年上涨，q 为负值时，p 逐年下降。

（2）相关法　一般可通过同期资料的相关计算，建立起工业产值与万元产值用水量之间，或工业产值增长率与用水量增长率之间的回归方程，然后根据计划的某一水平年的工业产值或工业产值增长率，推求该水平年的需水量。

2. 规划估算法

如果城市有较完善的经济规划，则估计工业用水量的基础数据都有可能直接或间接从城市总体规划中取得，据此可估算未来年月的工业需水量。具体估算时，结合现状和规划提供的资料情况，可采用“单位产品耗水量法”、“单位产值耗水量法”、“用水量增长率法”、“重复利用率提高法”、“生产、生活用水比例计算法”等计算方法。估算可粗可细，可直接估算工业总需水量，也可分别估算各行业需水量然后汇总，视掌握的规划资料情况而定。下面试举一例。

【例 5-1】　某市 1990 年工业生产用水量中自然耗水量占 10%，冷却水量占 55%，水的重复利用率为 38%（冷却水复用率为 62%，其他用水复用率为 11%）。根据该市的工业生产 10 年规划，产值平均年增长 7.2%，同时要求大力推广废水再用技术，到 2000 年水的复用率将提高到冷却水 90%，其他用水 35%。现以 1990 年的需水量为基数，估算 2000 年的工业需水量。

解　2000 年工业需水量一方面随产值增长而增加，其递增率为 7.2%，另一方面又因复用率的提高而减少。2000 年的工业用水重复利用率为

$$\eta = [0.55 \times 0.90 + (1 - 0.55 - 0.10) \times 0.35] = 61.8\%$$

若1990年的工业需水量为 Q_0，则2000年的需水量为

$$Q = \frac{Q_0(1 + p\%)^n(1 - \eta)}{1 - \eta_0} = \frac{(1 + 0.072)^{10}(1 - 0.618)}{1 - 0.38}Q_0 = 1.235Q_0$$

即2000年工业生产需由城市提供的水量为1990年的1.235倍。

三、节水途径

随着我国工业的迅速发展，工业生产用水急剧增长，尤其是北方工业城市，造成水资源严重短缺，工业生产用水与居民生活、农业争水。但另一方面，工业用水浪费现象仍然严重，节水潜力也很大。因此，工业生产大力推行节约用水，是解决水资源供需矛盾的重要方面。除了本章第一节已提到的加强用水管理，严格实行计划用水以外，工业生产的节水途径主要有以下几方面。

1. 调整工业结构

如前所述，不同行业的生产用水相差悬殊，因此，一个地区的工业结构应与本地区的水资源条件相适应。对于水资源特别紧张的地方，有必要对工业的结构作调整，尽量向耗水量小的方向发展，以缓解供需矛盾。

2. 调整工业布局

各地对工业布局要有全面规划。规划时不仅要依据原材料、燃料等资源的分布，而且必须同时考虑水资源的分布状况，要遵循就水建厂的原则。例如京津唐地区长期以来工业与人口向北京、天津、唐山三市集聚，使该地区的用水、交通、用地、环境污染问题愈来愈严重。因此，有关部门提出在工业布局上将大耗水企业向东部海滨地区转移，以利用海水资源替代淡水。具体地说，在天津市滨海发展以大港、塘沽为中心的火电、石化、炼钢、造船等工业综合体；在冀东重点开发王滩港，建设大型钢铁、火电、建材、化工等工业基地；在大城市及其郊区小城镇发展轻工业、技术密集型产业和第三产业。

3. 提高水的复用率

工业用水的重复利用，包括一水多用和循环利用两种方式。一水多用是指某用水系统（设备、车间或企业）用过的水，排出后再供其他用水系统使用，即水被二次、三次或更多次串联使用；循环用水是指水在本系统内回收而反复使用。

根据工业废水水质，其重复利用大概有三种情况：

第一种是工业企业的排水是清洁的好水，水质基本没有变化，回收后完全可以重复使用。例如工业生产中的冷却水大多属这类情况，在使用过程中主要是水温升高。因此只要改善工艺流程，变直流冷却为循环冷却，便可实现重复利用。

第二种情况是工业排水中混有一定杂质，但比较容易分离，如一般的洗涤用水（不接触化学药物、油质物品或其他有害物品）、造纸行业的纸机排放的白水等，只需要简单的沉淀、过滤等机械处理，就可以回收复用。

第三种情况是工业排水已受污染，需要经过净化处理后才能重复利用。

由于提高水的复用率对节约用水意义很大，所以世界上许多发达国家都很重视工业水的回收利用，不断提高重复利用率。例如美国60年代末工业水复用率为60%左右，到1980年提高到67%，1985年达到75%。原苏联对新建工厂要求其复用率达到80%～

95%。

我国近年来也重视节水技术，工业水复用率也有了明显提高，比较先进的城市如大连、上海、青岛、北京、天津、沈阳、西安等复用率已达50%～70%，但还有许多城市复用率很低，有的甚至还在30%以下，节水潜力很大。

4. 废水利用

工业和居民生活经过一次或多次使用后排出的水，因其受到污染，失去了直接使用的价值，因而称之为废水或污水。我国废水排放量在逐年增加，据1985年统计，年排放废水总量为342亿m^3，其中75%为工业废水，25%为生活污水。这些废水中约有80%未经任何处理就直接排入环境，不仅造成了环境污染，而且大量浪费了水资源。因此，废水资源化或说废水再生利用，不仅是解决水资源短缺的途径之一，而且有益于环境的保护。

废水作为再生的水源，具有水量、水质稳定，不受季节气候影响，就地可取，保证率高等优点。当然，废水的再生需要投资对其净化处理。从理论上说，任何污水均可通过一定的工艺过程处理后得到满足任何需要的水质，关键在于经济上是否合理可行。因为冷却用水一般比工艺用水的水质要求低，所以目前废水处理后多用于补充冷却用水。据有些专家分析计算，在废水已有二级处理设施的情况下，将二级处理出水再做补充处理作为生活杂用或工业冷却水使用，比敷管引水的方案更经济；如果再做较高水质（如工艺用水）要求的处理，也仅相当于10km引水距离的费用。如果现有污水尚无二级处理，为再用目的而增设二级处理和深度处理，其投资大约相当于管道引水30多km（对于冷却用水）或约50km（对于工艺用水）的费用。在目前水资源日益紧缺，开发新水源愈来愈困难的情况下，废水再生利用势在必行。

废水回用在国外已有几十年的历史，技术日益完善，有许多应用的经验。美国马里兰州的Bethlehem钢铁公司利用生活污水二级处理出水作为一次冷却水和炼钢工艺用水已有30多年的历史；内华达电力公司35%的冷却水取自城市污水二级处理水，再经沉淀和消毒后的出水。俄国莫斯科市东南郊工业区充分利用工业废水和城市污水的二级处理出水，再经深度处理作为该区工业用水的第二水源，建立了工业区水的闭路循环系统。近年来我国对废水回用开始重视和着手研究，“城市污水资源化的研究”为国家“七五”攻关课题。不少城市都在开展污水回用试验研究；一些研究单位与企业联合，也在开展区域性的工业废水回用研究。迄今已取得不少研究成果，建立了一批示范工程。这些研究表明，在一般情况下将废水作为水资源开发利用，在技术上和经济上都是可行的。

5. 海水利用

沿海地区充分利用海水，是节省宝贵的淡水资源的途径之一。工业生产中大量的冷却用水，都可使用海水。据国内外的实践经验，火电厂除锅炉用水和轴承冷却用水外，90%以上的用水都可以利用海水；炼油和化工生产中各种排管的冷却及大型设备的冷却也可以用海水，其数量大约可占全部冷却用水的70%以上；钢铁工业中海水约可替代一半的淡水；大型机械厂海水也可替代30%～40%的淡水。

对于某些必须经淡化后才能使用海水的场合，在经济上也并非一定不可接受。比如对于锅炉工艺用水，无论是海水、河水都要经过净化处理，对所需费用值得研究比较。特别是如将海水淡化与盐场、碱厂的建设结合起来，实行综合利用，则更能提高经济效益。

海水利用在国外有许多成功的经验。我国沿海地区也有使用，如大连、青岛海水利用量占工业总用水量的70%～80%，特别是用于电力和化工企业。青岛电厂、天津大港电厂、军粮城电厂都大量使用海水冷却，节约淡水90%左右。

6. 更新设备，改革工艺

现有不少工业技术装备用水浪费需要改进。应结合工艺改革，使水洗产品减少，或用节水的新技术和新设备取代用水量大的生产设备。例如70年代初冶金工业生产中开始出现的汽化冷却技术，节水效果显著，已为我国一些冶炼厂所采用。另外，对于某些水洗产品，往往被冲洗的产品是间断输送到位的，而冲洗用水却连续不断地供应，造成水的无效浪费，此类情况均应通过改革工艺流程加以避免。太原市纺织印染、机械电镀等行业，过去采用多段冲洗工艺，经改造变为逆流漂洗工艺后，节水达50%以上。

第四节　生　活　用　水

一、现状与特点

(一) 我国城乡生活用水现状

水是人类生活必不可缺的物质之一，它既是人的肌体含量最大的组成部分，又是人体各种重要生理活动必须依靠的物质，如果人体内的水分失去20%，生命活动就将终结。在当今世界上，人们实际用水量的多少，供水水质是否安全和符合卫生要求，以及供水人口普及率的高低，在一定程度上已成为衡量一个国家或地区文明水平的标志之一。

我国是一个历史悠久的文明古国，四五千年前我国劳动人民就已掌握了简单的凿井取水技术，而在一千多年前就广泛地采用明矾澄清水的净化方法，至今仍不失为现代净化工艺中的主要手段之一。但长期的封建统治，使旧中国的社会经济和生产长期停滞不前，给水事业十分落后，为数不多的给水工程设施都集中在沿海几个大城市，而且大部分仅为少数人服务，广大劳动人民往往仍取用不符合卫生要求的水；而广大农村地区，几乎无一处符合卫生要求的集中供水设施，人们世世代代直接取用未经净化的江、河、湖、塘、渠水或土井水。通过水而传播的流行病、瘟疫时有发生，水致地方病屡见不鲜，严重影响城乡人民的健康和生产的发展。

新中国建立以来，党和政府关怀广大人民的饮用水问题，使城乡供水工程得到了较快的发展。据有关统计资料，目前全国408个城市中有152个城市取用地下水，93个城市地下水和地表水同时取用，只取用地表水的有163个城市，1988年据全国384个城市统计，有自来水厂1059个，供水的综合能力为0.5亿m^3/d，供水人口1.15亿，供水人口普及率为86.2%。城市各单位的自备水源的综合供水能力为0.77亿m^3/d。两者合计供水总能力为1.27亿m^3/d，为1949年城市供水能力的53倍。1985年我国城市人均日用水量为151L，是解放初期1952年的4倍。

农民的饮水卫生从50年代的改良水井、加高井台等初级措施开始，也逐步得到改善。特别是农村经济体制改革以来，农村经济发展了，农民收入有了较大增长，温饱问题基本得到解决。因此，改善农村饮水卫生条件已成为广大农民的迫切愿望，而且在经济和物质方面也具备了一定条件。为了有组织有计划地加速农村改水工作，在中央爱国卫生运动委员会的领导下，于1983年成立了专设机构——农村改水项目办公室。各省、市、自治区和有关县都成立了相应的机构，大大推动了农村改水工作的进程。到1985年底，全国8.48亿农村人口中，已有4.23亿人口的饮水卫生条件得到不同程度的改善，受益人口占农村总人口的49.8%，已建立起14.41万座农村自来水厂，饮用由自来水厂供水的农业人口已达1.19亿人；在农村饮用自来水人口普及率较高的北京市和天津市，已达农村总人口的70%以上。至1985年全国已有46个县的农村人口饮用自来水的供水普及率达80%以上。1981～1990年是联合国确定的“国际饮水供应和卫生十年”，我国积极参加了这项计划活动，并利用世界银行的无息贷款和资助，建设了一批农村供水的示范性项目，收到了良好的效果。

应当指出，目前我国城乡人民生活用水水平与先进国家相比仍是比较低的，还存在不少问题。许多城镇生活设施较差，供水系统不健全，不少城市的居民仍依靠公用栓水生活。农村仍有相当数量的人口饮用不符合卫生标准要求的水，甚至饮用被严重污染的地面水或苦咸水，还有几千万农村人口过着严重缺水的生活，有些地区农民用水还需要远距离挑运。由于工业废水、城市污水的排放，以及无管理地使用农药、化肥，造成水源污染的情况时有发生。因此，要使我国城乡人民生活用水普遍达到较高水平，还需做大量而艰巨的工作。

（二）生活用水特点

生活用水大致有以下主要特点。

1. 比重不大但增长较快

我国水资源绝大部分用于农业和工业生产，在用水总量中城乡人民生活用水约占5%，而城市生活用水仅占1.5%左右。在城市自来水供水量中，生活用水也只占1/4（1987年371个城市平均）。当然，城市的性质不同，生活用水所占比重有较大差别，例如作为政治文化中心的北京市，生活用水占全市自来水供水量的一半以上。

随着人口的增长，生活条件的改善，城乡人民用水普及率和公共用水不断提高，供水方式不断改进，生活用水量增加较快，尤其是其中公共设施用水量增长十分迅速，因此生活用水量在总用水量中所占比重逐渐提高。如前所述，1985年我国城市人均日用水量为解放初期的4倍，而据有关部门预测，今后我国城市人均生活用水量将以年平均4.71%的增长率发展。

2. 对用水保证程度要求高

水作为人类生活必不可少的基本物质，它的供应直接关系到人类生存和社会的稳定，人们的基本生活用水一旦得不到保证，将带来严重的后果，因此生活用水要求有较高的保证程度。即使在大旱的年份，也必须首先确保人们的基本饮用水的供应。

3. 对水质要求高

为了确保人们的健康和安全，生活用水，尤其是饮用水，对水质有较高的要求。许多国家都规定了饮用水水质标准，我国也于1985年颁布了国家标准GB 5749—85《生活饮用水卫生标准》。该标准对生活饮用水的基本要求是：感官性状好，要求对人体感官无不良刺激和厌恶感；水中所含化学物质对肌体无害，对人体组织不产生急性或慢性的毒害影响和变异；流行病学安全，即要求水中不含有病原体，以防止介水传染病的传播。为此，对饮用水在感官性状、化学、毒理学、细菌学和放射性等方面规定了一系列控制性指标。

二、用水量及其预测

（一）生活用水量标准

城市生活用水包括家庭、机关、学校、部队、旅馆、餐厅、浴室等的饮用、洗涤、烹饪、清洁卫生等用水，工业企业内部职工的生活用水和淋浴用水，以及街道、园林绿化用水等。乡村生活用水还包括家畜、家禽饮用水。

生活用水量的多少随着水源条件、气候因素、生活水平和习惯、房屋卫生设备条件、供水压力、收费办法等的差别而有不同，影响因素很多。

为了衡量某市、某地的生活用水水平和粗略估计生活用水量，常以每人每日平均生活用水量作为指标，它是将生活用水总量除以居民人数所得的综合指标。目前我国城市人均日生活用水量平均约170L左右，高的超过300L，低的只有几十升，总的生活用水水平还是比较低的。国外大城市人均日用水量一般为200～300L，最高在800L以上。表5－8和表5－9分别列出我国主要城市和世界一些著名城市的生活用水量资料。

在进行城镇用水量规划时，对于生活用水量常按不同类别分别确定标准并进行计算，一般把城镇生活用水量分为居住区生活用水量、工业企业职工生活及淋浴用水量、公共建筑内的生活用水量和市政用水量等几种类型，现分述如下。

1．居民区生活用水量标准

每一居民日用水量的一般范围称生活用水标准，常按L/（人·d）计。由于各地气候、生活习惯，以及居民室内卫生设备完善程度等条件不同，用水量标准也不相同。我国《室外给水设计规范》按气候条件和生活习惯将全国分为五个分区，并按室内给排水、卫生设备和淋浴设备等情况，分别给出用水量标准，其中每人日平均用水量最低为10～20L，最高为150～190L［详见TJB—74《室外给水设计规范》］。

表5－8　我国主要城市生活用水量（1987年）

城　　市	人均日生活用水量（L）	城　　市	人均日生活用水量（L）
371个城市合计	164.1	济　南	154.0
北　京	166.4	青　岛	82.9
天　津	141.1	郑　州	181.9
石家庄	159.1	武　汉	295.2
太　原	120.9	长　沙	267.3
呼和浩特	223.3	广　州	377.7
沈　阳	195.0	南　宁	365.3
大　连	71.0	成　都	147.2
长　春	119.0	重　庆	127.0
哈尔滨	137.2	贵　阳	146.9
上　海	186.8	昆　明	104.6
南　京	215.6	拉　萨	189.0
杭　州	233.6	西　安	117.4
宁　波	116.7	兰　州	125.7
合　肥	159.7	西　宁	128.3
福　州	235.3	银　川	110.5
南　昌	179.6	乌鲁木齐	121.2

表 5-9　　国外一些城市的生活用水量

城　　市	人均日生活用水量（L）	城　　市	人均日生活用水量（L）
伯明翰（英国）	655	柏　林（德国）	293
伦敦（英国）	263	贝尔格莱德（南斯拉夫）	248
里斯本（葡萄牙）	160	华　沙（波兰）	235
马德里（西班牙）	305	莫斯科（俄国）	600
巴黎（法国）	500	芝加哥（美国）	820
苏黎世（瑞士）	443	华盛顿（美国）	700
慕尼黑（德国）	337	智利 10 万以上人口城市	350～370

2. 工业企业职工生活用水量及淋浴用水量标准

工业企业内职工生活用水量标准，根据冷车间或热车间而定。一般冷车间采用 25L/（人·班），热车间采用 35L/（人·班）。

工业企业内职工淋浴用水量，根据接触有毒物质和生产性粉尘等情况的不同，一般分为 60L/（人·班）和 40L/（人·班）两个档次。

3. 公共建筑用水量标准

全市性的公共建筑，如旅馆、医院、浴室、洗衣房、餐厅、影剧院、体育场馆、学校等，均按不同情况制定有用水定额标准。例如对于旅馆，房号内无卫生设备而只有公用盥洗室的每人每日用水 50～100L；76%～100%的房号内设有浴盘的旅馆每人每日用水标准为 250～300L。又如高等学校每一学生每日用水标准为 100～150L。详细情况参见《室内给水排水设计规范》或《给水排水设计手册》。

4. 市政用水量标准

市政用水量是指街道洒水、绿地浇水的用水，其用水量视城市规模、路面种类、绿化面积、气候和土壤等条件而定。一般街道和场地一次洒水量可采用 1～1.5L/m^2，每日洒水次数按 2～3 次计；浇洒绿地用水量通常按 1～2L/（m^2·d）计算。

对于农村生活用水，由于我国幅员辽阔，各地差异较大，加之各地收费办法和生活习惯不一，用水量差别相当大，而当前也还缺乏系统的调查研究，还没有成熟的用水标准。据北京、上海、浙江、福建、广西等省（区、市）的资料，农村居民生活用水标准约为 30～90L/（人·d）。随着农村经济发展和生活水平的提高，有些地方户内也已出现淋浴等卫生设备，故用水定额要按实际情况加以确定。农家饲养的牧畜和禽类用水量也制定有供参考的标准，如乳牛为 70～120L/（头·d），马、驴、骡等大牲口为 40～50L/（头·d），育肥猪为 20～30L/（头·d），鸡为 0.5L/（只·d）等。关于农村用水量标准可参见《中国农村给水工程给水设计手册》。

（二）生活用水量预测

城镇生活用水量的预测方法与工业生产用水量预测一样，大致有根据统计资料分析计算和根据规划资料估算两类方法。

当城镇处于稳定发展阶段，从统计历年的生活用水量资料中可以得出稳定的递增率，或递增率虽不稳定，但其变化呈现一定规律，则可按式（5-19）～式（5-21）直接预估未来的用水量。由于生活用水量与城镇人口密切相关，当没有足够多的用水量资料时，可以先建立人口和生活用水量的相关关系，再通过未来的人口数来预测生活用水量。还可以通过分析人口的增长率和生活用水量标准的递增率来预测未来的生活用水量。

【例 5-2】 某市1990年生活用水量为2114万m^3，根据历年资料统计分析，人口年增长率为2%，生活用水量标准的年增长率为3.6%，试估算1995年的生活用水量。

解 1995年的生活用水量为

$$Q = 2114 \times (1 + 0.02)^5 \times (1 + 0.036)^5 = 2786(\text{万 } m^3)$$

当城镇具有较完善的总体规划时，可利用规划资料来估算未来年月的生活用水量。根据规划资料的情况，可分项予以估算。对于居民生活用水，可按城镇人口的规划及规划所拟定的远期、近期生活用水量标准进行计算。远、近期生活用水量标准的拟定应有所依据，可在调研或统计分析资料的基础上，根据现行国家用水量标准，考虑发展，结合本地区气候条件、经济条件和卫生习惯等因素进行拟定。公共建筑用水量和市政用水量可分别按规划数据估算，也可按城镇居民生活和工业生产用水之和的百分数估算。例如湖北省规划部门规定，公共建筑用水量和市政用水量分别按居民生活和工业用水量的5%～10%和3%～5%计算。不同的城镇，这一百分数可能差别很大，因此要根据当地实际情况认真分析确定。另外，在预估时还要考虑一部分不可预见的水量，一般按上述各项用水量之和的10%～20%估计。

三、节水途径

尽管当前我国生活用水水平还较低，但仍存在不少浪费现象。考虑到生活用水在城市总用水量中的比例逐年增大，因此在生活用水领域厉行节约也是十分重要的。在生活用水中公共建筑用水量的增长更快，在许多城市它占了很大比重。例如北京市和秦皇岛市的公共用水量已分别达到生活总用水量的73.3%和79%，天津市和太原市也已超过55%。与此同时，公共用水的浪费尤为严重，漫不经心的滥用现象普遍存在。如华北某市大专院校在校师生人数不足城市人口的1%，而用水量却占了全市生活用水量的11%，每人每日平均用水达443L。有的高级宾馆人均日用水量高达2000L。因此，城市生活节水，尤其是公共用水部分的节水，是有一定潜力的。

城镇生活用水的节水途径主要有以下几方面。

(一) 加强用水管理和实行计划用水

对居民每家每户安装水表，计量收费，逐步废除公用水栓按户或按人头均摊的“大锅水”制度。

对公共用水部分应实行定量供水，对每个企事业单位和公共建筑规定用水限额，超量部分实行累计加价收费，节约有奖，浪费受罚。

改革水费征收制度，改变目前自来水水价普遍低于制水成本的状况，制定合理的收费标准，以调动节约用水的积极性，抑制浪费，也使供水部门获得合理的经济效益，促进供水系统和污水回用技术的不断完善提高。

(二) 加强节水型用水器具和计量仪表的研制和推广

我国城市供水管网及其附件，如控制、量测仪器仪表等，技术比较落后，有的年久失修；许多生活用水设备、器具结构不合理，不能及时更新改造，致使用水量过大，各种漏水现象普遍存在，长期得不到解决。例如，传统的厕所冲洗水每次为17～19L，国外通过设备改造，德国只用7.5L，斯堪的纳维亚国家只用6L，最新的厕所只用2.5L。又如国外通过改进技术将淋浴用水由每分钟19L降为2L，可节约用水89%。因此，采用先进技术装备，对于节约用水，避免浪费，是有很大作用的。

（三）加强污水处理和回收利用

我国目前大约有80%的工业废水和城市生活污水未经处理而排放，不仅污染了环境，而且浪费了资源。经处理后的废污水不仅可回用于农田灌溉和某些工业生产如冷却用水，而且也可用于生活用水中水质要求不太高的市政用水或称杂用水，如冲洗厕所，浇洒地面，冲洗道路、车辆，浇灌树木、绿地等，这样可大大节省自来水的消耗量。

第五节　其　他　用　水

一、水产养殖业用水

水产养殖包括养殖鱼虾和水生植物等，主要是鱼类的养殖。水产业是国民经济重要组成部分，它的状况与人民生活密切相关。水域是鱼类一刻也不能离开的生活场所，水域状况如何直接关系到鱼类的生存和生长。在水资源的开发利用中，决不能忽视水产养殖的需要。

（一）鱼类的某些习性

我国地跨温带、热带，内陆水面较广阔，水体中富有营养物质，这些自然环境，给鱼类提供了良好的生活条件。我国淡水鱼约有500种，资源相当丰富，其中很多具有较高经济价值，如中华鲟、达氏鲟、白鲟、鳗鲡、鲥鱼、刀鱼、青鱼、草鱼、鲢鱼、鳙鱼等。各种鱼的栖息环境和生活史不同，它们的习性也就有较大的差异。

1. 鱼类的繁殖环境

鱼类的繁殖和发育必须在一定的水温条件下进行，例如长江的青、草、鲢、鳙在水温22～26℃；鲤鱼在水温18℃以上才能产卵。鱼类对产卵场的选择也很严格，除水温外，还要求其他一些外界环境，如一定的水流和底质、氧气状况和幼鱼生长条件等。

2. 鱼类的洄游习性

鱼类在生活的一定时期，作一定的有规律的移动，叫做洄游。洄游时，鱼从一个栖息环境移动到另一个栖息环境，目的是寻找适应其某一生活阶段所必需的条件。根据洄游情况可分三类。

（1）洄游性鱼类　在海洋与河湖间进行洄游的鱼类称为洄游性鱼类。其中又分两类，一类是通常在海洋中生活，达到性成熟后在繁殖季节上溯到内河上游及湖泊产卵繁殖，有鲥鱼、刀鱼、中华鲟等；另一类通常在淡水中生活而到海洋中产卵繁殖，如鳗鲡等。

（2）半洄游性鱼类　有些纯淡水鱼类，为了产卵、索饵和越冬目的，从静水体（如湖泊）洄游到流水水体（如江河）或相反，这些鱼类称为半洄游性鱼类，如青、草、鲢、鳙等。

（3）定居性鱼类　营定居生活，不进行有规律的洄游活动，如鲤鱼、鲫鱼等。

3. 鱼对环境因子的反应

（1）对水流的反应　鱼类对水流的反应有正有负。一般是大鱼对水流为正反应，即顶着水流游泳，水流方向改变，它们亦改变游向；幼鱼对水流则是负反应，一般总是顺水漂流。如鲑鱼、鳟鱼等都有这样的习性。然而也有例外，如鳗鱼在洄游季节则正相反，即大鳗随水流下行入海，小鳗则逆水上游。

（2）对温度的反应　鱼是冷血变温动物，其体温几乎完全随周围环境的温度而变化。因此，水温对于鱼类的各种生命过程有着很大的影响，鱼的代谢强度与周围水温有着最密切的联系。

每种鱼的正常生活都有一定的温度界限，高于或低于此界限，对鱼的生活都会产生不良影响。对于温带的淡水鱼，一般水温在22～26℃时鱼的活动力最强。但不同的鱼种的适应水温也不一样，例如鲑科鱼类为冷水性鱼类，生殖条件环境水温在5～10℃，而青、草、鲢、鳙等为暖水性鱼类，要求环境水温大于4℃，生殖条件环境水温则为25～30℃。

（3）对水中含氧的反应　水中含氧量决定着鱼类的呼吸条件，不同鱼种对含氧量的适应能力也不相同。寒冷急流中的鱼类，如鲑科鱼类需要水中有大量的氧（每升水含氧7～10mg）；静水鱼类，如鲤、鲫等，可生活在含氧很少的水体中（每升水含氧不足4mg）。一般运动能力强的鱼需氧量大，反之就小。

（4）对水体污染的反应　江湖水体受工业废水的污染，将使水中的溶解氧急剧下降，或使水中含有有毒物质，都可导致淡水鱼发病，甚至死亡，威胁着鱼类的生存。如炼焦废水中的氰化物和酚等，都是剧毒物质。氰化物对鱼类的致死浓度约为1mg（CN）/L，而每升水中只要含有百分之几毫克的酚就足以杀伤鱼类。

（二）水利工程对鱼类资源的影响

为了防洪、灌溉、发电等目的，人们在江河上以及湖泊的入口处修建了闸坝等水工建筑物。这些工程设施使江河水流受到人为的控制和调节，自然水文条件发生变化，从而也就引起了鱼类生活环境的变化。这种变化对渔业资源产生的影响是多方面的，既有有利的影响也有不利的影响，应根据实际情况作具体分析。

1. 水量变化带来的影响

闸坝建成后，对江河的天然径流进行调节，使各河段及沿河湖泊的水量发生变化，对鱼类生长造成的影响主要有以下几方面。

1）在闸坝上游形成水库，水面广阔，水深很大，为鱼类养殖提供了有利条件。水库养鱼在国内外都受到广泛重视，非洲一些水库年产鱼可达1～4万t。我国的密云、佛子岭、新安江等大型水库，以及为数众多的中、小型水库都开展了水库养鱼，为国家提供了大量的商品鱼。随着养殖和捕捞技术的改进，水库养鱼产量还可大幅度增加。

2）由于水库的调节，使下游河道流量趋于均匀，枯水季节水量增加，有利于鱼类生长。但也有可能因大量的引水灌溉及工业、居民用水，使水库下游河道以及沿河湖泊洼淀水量减少，不利于鱼类生长，甚至使原有产鱼水域不复存在。

3）修建闸坝后，下游洪峰、洪量及洪水机遇减少，大大减少了河口的水流流量，因而也减少了对河口以外洄游性鱼类入江的刺激，使鱼类资源减少。我国长江、富春江鲥鱼产量的变化，都说明了这一问题。

4）水库可能淹没坝上河段中的天然产卵场或使一些产卵场丧失优越条件，影响鱼类繁殖。如富春江七里垅水电站，其水库淹没了钱塘江中两个规模很大的乌石滩和大洋滩产卵场，库区亲鱼只能移至库外上游产卵，但孵化条件较差，使全江鱼种不足。

南方的围湖造田工程，也常破坏和侵占鱼类的产卵场和幼鱼的索饵场所。

2. 阻隔洄游通道带来的影响

闸坝建成后，常将鱼类的洄游路线阻断，这对洄游鱼类带来危害。如长江下游苏北地区的洪泽湖、高邮湖、邵伯湖原是江苏淡水鱼的重要产地，1959 年起万福闸等一系列水闸工程相继建成后，切断了该三湖与长江的自由通道，每年春季大量幼鳗、刀鲚、小蟹等被挡在闸下无法进入湖区，使湖区河鳗、螃蟹等逐年减少。

河口的防潮闸常使生活在海洋中的洄游性鱼类不能上溯产卵，有时还阻碍亲鱼、幼鱼适时回归大海，都将破坏鱼类的正常繁殖和生长。

3. 水温变化带来的影响

如前所述，鱼类的繁殖和生长需要适宜的水温，而水库建成后，坝上、坝下水温将发生变化，从而影响渔业生产。

1）坝下泄放的低温水可能影响或推迟鱼类的产卵繁殖。如丹江口工程建成后，坝下的低温水使格鲁嘴、回流湾两个产卵场的水温降低至亲鱼难以适应的程度，亲鱼已不再去那里产卵。富春江七里垅电站坝下水温在 4～5 月中旬为 19℃左右，使亲鱼的性成熟和卵的孵化日期有所推迟。

2）鱼类的生长和增重率也与水温有很大的关系。如草、鲢、鳙的适宜水温为 22℃左右，水温在 20～30℃时食欲旺盛，生长迅速，10℃以下则食欲减退或停止摄食，呈冬眠状态，生长停滞。据量测统计，我国新安江水库坝下水温在 10～16℃左右，佛子岭水库坝下最高水温为 14℃左右，都低于鱼类的适宜水温，使其生长缓慢。

3）坝上库区只要运行得当，冬季保持一定的水深（一般认为至少 2～3m），则水温不会降得太低，常较建坝前冬季水温提高，因而有利于鱼类越冬。对于坝下河段，视水库放水情况，会有不同的影响。汉江自丹江口水库建成后，冬季下游流量增加了 3 倍，下游江段水温提高了 4～6℃，对鱼类越冬有利。反之，如果坝下水量减少，水位下降水深不足，则会恶化鱼类的越冬条件。

（三）鱼类资源的保护和增殖

水资源的开发利用，应对防洪、灌溉、发电、供水、航运、渔业和环境等各个领域进行全面的调查研究，以达到最大的综合效益和优化生态环境为目标，作出统筹兼顾的规划。

为了保护和发展鱼类资源，应采用的措施主要有以下几方面。

1. 沟通洄游路线

使鱼类洄游通道畅通无阻，对保护洄游和半洄游性鱼类资源非常重要。有必要时，应在江河闸坝枢纽中修建过鱼工程（鱼道）来沟通洄游路线。对于多级开发的江河，为了减少工程和设备，也可考虑采用“诱捕收集—运输—投放”式的过闸坝方案。

2. 营建孵化场和人工模拟产卵槽

修建水库后为了弥补对原有繁殖环境的破坏，救护经济价值较高的鱼类，人们用新的技术手段，为鱼类营建新的孵化场和模拟天然产卵场环境因子的人工产卵槽，对促进鱼类繁殖起了良好的作用。国外已有成功经验，我国也已开展试验工作。

3. 维护水域生态环境

在水利枢纽的规划设计和管理运行中，要考虑满足上下游鱼类繁殖、生长、越冬对水量、水温和水的含氧量等的要求，防止河道水域环境发生不良变化。例如水库泄水对上、中、下层不同深度按一定水量比例下泄，以便调节坝下游水温有利鱼类生活；人为泄洪为下游湖泊洼淀鱼类产卵创造条件；用空压机充气以提高坝下河水的含氧量等等，在国外均有实践。

4. 发展水库及河道、沟渠、坑塘养鱼

我国现有大、中、小型水库8万余座，养鱼水面3000万亩，占全国淡水养殖面积的40%左右，充分利用这些水面发展水产渔业意义很大。近年来我国水库渔业发展较快，平均亩产十几公斤，居世界前列，同时创造了一批高产稳产的综合性养殖技术，例如结合农、牧、副业综合养鱼；成鱼、鱼种网箱养殖；网拦或坝拦库叉库湾养鱼；小水库或库湾精养；坝下流水养鱼；水库群渔业开发；赶、拦、刺、张联合捕捞技术等。

水利工程管护范围内的河道、沟渠、塘堰面广量大，这些水域水体流动，水质清新，溶氧量高，是开展精养、网箱养殖和集约化流水养鱼的适宜场所。其利用方式大致有：利用渠道落差建流水池养鱼；在渠道一侧设置金属网箱养鱼；改建坑塘、塘堰进行微流水养鱼；在溪河设置网箱或建流水池养鱼；循环水高密度集约化养鱼等。

除了以上措施以外，为了有利于库区及其下游河道、沟渠、坑塘的养鱼，水库还要从这一角度确定合理的运行水位和运行方式。

二、旅游业用水

近几十年来，世界各国的旅游事业蓬勃发展。随着物质生活的提高，人们必然要追求精神生活上的享受，旅游观光作为一种格调高尚、有益身心健康、开拓眼见增长知识的文化生活方式，愈来愈受到人们的喜爱。

旅游之所以作为一种事业迅速发展，还在于它具有重大的经济效益，出国旅游还为各国创造大量外汇收入，故旅游业还有“无烟工业”、“无形贸易”之称。旅游业主要是以旅游资源为基础，以旅游服务为手段，收取费用，获得盈利。它不仅具有投资少、周转快、成本低、利润高的优势，而且它的发展必然刺激和带动民航、铁路、公路、水运、邮电、饮食、饭店、园林、文化娱乐、工艺品、土特产品和商业服务系统的发展，因此旅游事业是国民经济的重要组成部分，有的国家还是国民经济的支柱。

我国自实行改革开放政策以来，旅游业也开始受到重视，近年来发展速度也很快，但比起旅游发达国家差距还较大，可以说还处于初创阶段，亟待进一步开拓发展。

（一）水是旅游业的重要物质基础

发展旅游业必须具备三个基本条件，一是要有丰富多彩的旅游资源，借以吸引游人；二是要有方便的交通，利于游人来往集散；三是要有一定的生活服务设施，使游人得到舒适歇息。在这三个基本条件中，水都具有举足轻重的地位。

1. 水是自然景观的基础

旅游资源可分为自然景观和人文景观两大类。在自然景观中，虽包括广泛的内容，但其中最主要的是山与水两大要素，构成了千姿百态的自然景色。所谓“山得水而活，水得山而媚”，道出了山水相依，是构成风景的主体。缺了水，不仅会使景观逊色，很多情况下还会完全丧失游览价值。

2. 水域是旅游活动的重要场所

在旅游中，很多娱乐活动都是在水域开展的，如游泳、划船、跳水、冲浪、滑水、漂流、垂钓、采莲、拾贝以及游览海底、“龙宫”等等。失去了水域，如此丰富多彩的娱乐活动就不复存在了。

3. 水运是旅游的重要交通方式

水运具有载客多、价格低、安全舒适等优点，在交通发达的今天，舟船仍是运送游客的重要工具。特别是许多旅游景点分布在江滨河旁，有的江河湖泊本身就是一幅绚丽画卷，必须乘船泛舟才能欣赏其山光水色，例如我国著名旅游胜地长江三峡和桂林山水等就是如此。如若漓江缺水，则舟难行、影难显，也就失去了它的魅力。

4. 水源是旅游业必备的生活条件

生活供水对于旅游点来说，是影响其兴衰荣枯的关键之一。尤其对于某些名山峻岭，因旅游季节供水不足，难以满足游客饮食洗漱之需，成了制约旅游业发展的症结。

（二）水利建设对旅游业的影响

以防洪、除涝、发电、灌溉及城镇用水为主要目的而修建的各类水利工程，对自然环境产生着深刻的、多方面的影响，从而对旅游事业也产生了不同的影响。

1. 创造旅游资源

很多水利工程规模巨大，建筑宏伟，形成广阔的人工水域，常成为空气新鲜、景色秀丽的旅游场所。例如北京十三陵水库、浙江新安江水库、贵州红枫水库、湖北丹江口水利枢纽等，都已成为风景名胜区，为发展旅游奠定了基础，并已先后得到开发。

我国还有不少水利工程历史悠久，赋有神奇传说，吸引着人们去怀古思今。例如古老的都江堰工程一直是中外游客向往的旅游胜地。

有的水利工程为风景名胜区供水供电、供应水产等，为旅游开发创造了条件。

2. 损害自然景观

水利建设若思想片面、考虑不周，也会对旅游业带来不利影响，如水库蓄水淹没名胜古迹；因工程规划失当而破坏原有自然景观；因农业或城镇过度引水、取水，使原有河流、湖泊、涌泉枯竭消失；工业和城镇废污水不加处理而排放，污染环境、水域，毒害动植物资源，等等。

（三）重视旅游效益和进行全面规划

正因为水利建设对自然景观和名胜古迹可能造成正反两方面的影响，而重要的文物古迹乃国之珍宝，其价值不能简单以经济计算，一旦毁坏便不可复生，因此必须引起我们高度重视。应当明确的是，保护景观、名胜，发展旅游，是利用水资源的重要内容之一，旅游业也是我们水利服务的对象。在进行水利工程规划的时候，要围绕水资源这个中心主题，研究开发水资源对旅游事业的影响。研究旅游事业对开发水资源的要求，寻求既满足其他方面的要求，又促进旅游业发展的最优规划方案。

三、环境与水

（一）水资源开发利用对生态环境的影响

水是维持自然界生态平衡的要素之一。区域性的水资源开发利用实质上是一种人为干扰自然循环的活动，随着科技的进步，人类干预水环境的能力空前提高。这种人为干扰如果处理得当，就可以改善环境因素，维持生态系统良性循环，优化我们所生存的环境。反之，就可能引起生态系统失稳和破坏，甚至带来影响深远的严重后果。事实上，由于过去在做水资源开发利用和大型水利工程规划设计时，仅注意社会、经济、水文、地质等因素，而忽视它们对生态环境的影响，因此已经产生不少不良后果和潜在威胁。生态环境含义广泛，水对生态环境的影响也是多方面的、错综复杂的。水实际是生态因子之一，由于水环境的变化，不可避免地要影响到其他的生态因子，从而使整个生态环境发生变化。下面仅就一些主要影响方面作简要介绍。

1. 水环境对气候的影响

区域性的大面积水环境变化会影响到地区气候。区域性的水资源增加，会使气候变得湿润。例如据有人估算，南水北调东线和中线方案实现后，北纬 35 以北地区将增加降水量约 3%。在修建水库枢纽工程后，水库水体和渠网水系也具有改善局部气候的作用。另一方面，大规模流域性水资源开发，会使下游地区河流水量普遍减少，洼淀湖泊干涸，水域面积的缩小可能带来区域性气温上升、雨量下降、大陆度增加的现象，例如华北平原地区就已经出现这种趋势。据河北省资料分析，过去 35 年中，平均气温上升了 0.6℃，降雨量从年平均 580mm 降到 500mm 以下；天津地区从 1971～1985 年大陆度增加了 3.32%。气候的这些变化必将引起年温差加大，蒸发量增加，农作物播种期推迟，以及受冻、受干热风的频率增加等一系列生态环境效应。

2. 水环境对土壤的影响

水域缩小，区域性变干，将引起土壤的风蚀和沙化加重。据近几年的调查，华北地区沙化面积在不断扩大。

大规模引水灌溉，如果大水漫灌，用水无度，有灌无排，则会抬高地下水位，随土壤蒸发而使大量盐分在耕作层积聚，造成土壤盐渍化的发展。我国近代大规模引黄灌溉使灌区土壤处于区域性盐渍化过程中。

水资源开发利用的结果，使得地表径流量变小，绝大部分降雨通过入渗转化成土壤水和地下水，又通过自然蒸发和人工开采而消耗。这就使土壤盐分呈垂直运动，雨水起不到淋洗和排盐的作用，使盐分在本地区土壤中不断积累，形成土壤次生盐渍化的潜在威胁。

3. 水资源不合理开发与水质污染

随着水资源开发利用程度的提高，各业用水量大幅度增加，一方面使废污水排放量加大；另一方面又造成没有足够的环境水量稀释和携带污水，致使水域污染加剧。在北方地区，由于地下水资源的超量开采，也增加了污水的入渗，造成和加剧了对地下水质的破坏。这种地表水和地下水的水质污染，如不予防治任其发展，将直接破坏生态环境，威胁人类的健康。在合理开发的情况下，河道上修建水利水电工程，可以使径流得到调节，枯期流量增大可提高坝下游河段的稀释自净能力。

4. 水资源不合理开发可能引起的其他生态环境问题

1）山区植被破坏，水土流失加重。在山区建造水库可能淹没大片森林与农田，一方面引起森林覆盖率降低；另一方面因耕地不足而促使毁林开荒。水库修建后若不注意保护森林和植树造林，则会使水土流失加重，进而引起山区生态环境恶化，自然灾害增多。

2）河流干枯，丧失基本功能。河流上修建大量的蓄、引、提水工程，使水的利用程度大大提高，有可能使某些河道（尤其是北方河道）水量不足，甚至常年断流，不但使河道丧失了调节流域水沙平衡和水盐平衡的能力，丧失了原有的内河航运之利，破坏了水生生物的繁衍环境，而且削弱了水体自净能力，从而增加了污水处理的负担。

3）地面下沉，海水入侵。地下水的大面积超采开发，使地下水位连年大幅度下降，造成地面沉降。例如京津地区大面积地面沉降已经出现，天津市区地面下沉量超过1.5m的面积已达58km^2，还在继续发展。过度的开采地下水，使沿海地区淡水区水位负值区不断扩大，造成海水入侵，咸、淡水交界面向内陆推移，影响群众的生产和生活。例如山东省莱州市1988年已有200多km^2的范围被海水浸染，入侵速度达404.5m/a。

4）引进泥沙，造成负担。自多泥沙河道引水灌溉，随水引进大量泥沙，日积月累，可能形成严重的环境问题。最典型的是引黄灌区，每年约有2亿吨泥沙堆积在有限的灌区范围之内，分别沉积于沉沙地、各级渠道和田间，还有一部分排入下游退水河道，造成了沉沙池占地和移民安置、灌溉渠系和退水河道的清淤、风沙吹扬等一系列重大环境问题，已成为引黄灌区的沉重负担。

（二）水资源开发利用要为环境建设服务

我国已经制定和颁布了《环境保护法》、《水源保护条例》等有关法规，并明确规定新建项目必须进行环境影响评价，在水资源的开发利用中应严格执行。如果说我国的水利工作在50～60年代是以防洪除害为目标的修河治水阶段，70～80年代是以“用水”为目标的水资源评价和开发利用阶段，那么今天应该到了水资源开发利用要为社会效益、经济效益和生态环境效益全面服务的阶段。水利工作应该从克服和抑制水资源开发利用对环境变化的不良影响，逐渐转变到为环境建设服务的方面上来，真正为资源开发、经济效益、环境优化和人类社会的文明进步做出应有的贡献。

1989年能源、水利两部批准颁布了部标SDJ 302—88《水利水电工程环境影响评价规范》，使我国水利水电工程环境影响评价工作走上法规化的道路。大中型的水利水电工程在可行性研究阶段必须进行环境影响评价，编制环境影响报告书或环境影响报告表。主要应进行以下工作。

1. 调查工程地区的环境状况

环境状况调查的目的，是了解拟建工程影响地区的自然环境和社会环境状况，为进行环境影响预测和评价提供基础资源和依据。环境状况调查的基本内容一般应包括气象、水文、泥沙、水温、水质、地质、土壤、陆生生物、水生生物，以及人口、土地、工业、农业、矿产、人群健康、景观与文物、污染源等。

2. 做好环境影响预测

预测工程建设对环境可能造成的影响，是工程环境评价最重要的组成部分，需要工程技术人员与环境保护方面的专业人员紧密配合来完成。环境影响的预测应分层次进行，其层次为：环境总体、环境种类（自然环境和社会环境）、环境组成和环境因子。环境因子是基本单元，评价时应以分析研究环境因子的变化情况为基础。一般应研究：对局部地区气候的影响；对水文、水温、水质和泥沙的影响；对环境地质和土壤环境的影响；对陆生和水生生物的影响；对人群健康的影响；对景观与文物的影响；移民和施工对环境的影响等。按环境因子能否量化的特性，分别采用定性和定量两类分析方法。

对环境影响的预测结果，先与无工程时的环境状况进行对比，说明环境因子的改变量(数量、质量、范围)；再与国家和地方颁发的有关环境质量标准进行对比，作出评价。

3. 做出综合评价结论

在环境因子预测、评价的基础上，做出工程环境影响的综合评价结论，要求着重阐明三方面的问题。

1）工程对环境产生的主要有利和不利影响，以及工程兴建后环境总体的变化趋势。

2）对采取的环境保护措施提出技术、经济论证意见。

3）从环境保护的角度，对工程的可行性提出评价意见。

第六章　水质与水源保护

第一节　水　污　染

一、概述

水是一切细胞和生命组织的主要成分，是构成自然界一切生命的重要物质基础。体重60kg的成人，体内水分就有40kg，占体重的65%。儿童体内的水分更多，约占体重的80%。动植物中，水占的比例也相当大，哺乳动物含水量为60%～68%，鱼类为70%，植物的叶含水75%～85%，水果含水80%～95%。人体新陈代谢时，水将人体从外界摄取的营养物输送到身体各部分，把代谢产品排出，并起散热失热和调节体温的作用。一个人在正常情况下，1天需要2000g水，当人体失去6%的水分时分出现口渴、尿少和发烧，失水10%～20%将出现幻觉昏厥，甚至死亡。对人来说，水比食物更珍贵。不吃食物，人的生命可以维持20多天，如不喝水，几天便可死亡。

一切物质生产都离不开水，无论是工业生产的钢、铁、纸、氮肥等，还是农业谷物玉米、小麦、稻子都需要大量的水。可以说，没有水现代化生产就无法进行，水比石油、煤、铁等资源更加宝贵，因为它具有不可替代性。水是人类生存、发展和繁荣的基本要素。

纯净的水是由氢元素和氧元素组成的。无色、无味、透明，是一种很好的溶剂，溶解能力极强。水在自然界是处在不断的循环运动中，它通过渗透土壤，冲刷岩石，富集土壤和岩石中的盐分和有机物；水汽在空气中凝成水滴和下降过程中吸收、溶存了空气中不同的气体和各种飘尘。自然水体中还生存着各种各样的水生生物。所以，自然界中完全纯净的水是不存在的，它溶存着各种物理、化学、生物的物质。人类已知的100种化学元素，在天然水中就发现60多种。据统计，世界河流无机盐含量平均为99.9mg/L，即使是人迹罕至的珠穆朗玛峰顶的冰雪中也含有微量的铜、铅、锌、镉等元素。现代化学工业迅速发展，生产出许多化合物质，目前世界已知的化合物多达500万种，它们通过各种途径进入天然水体，使水中溶存的杂质更加复杂化。到目前为止，全世界在水中已测出2221种有机化学污染物。

人体生长发育和维持正常的生理机能需要一些微量元素。如钾、钠、钙、镁、碘、氟。人们除了从食物中得到这些元素外，饮水是重要的来源。正常情况下每人每日需要的氟为1.0～1.5mg，65%来自饮水，35%来自食物。饮水中含氟量低于0.5mg/L时，儿童龋齿患病率便增加，可是含氟量大于1.0mg/L时，又会引起氟斑牙病，严重的出现关节疼痛，骨骼变形、关节畸形，造成残废。据研究，如大骨节病等一些地方病也是由于饮用水中某些元素偏高或偏低所引起的。“水至清则无鱼”。水体中若缺少必要的营养物质、微生物，便不适宜鱼类生长。但是，营养物质过多，出现富营养化，也是不利于水生生物生长的。

进入20世纪以来，人口增加，工业化和城市化以前所未有的速度发展，对水资源无限制的使用，把江河湖泊当成天然排污沟，使水资源枯竭，水质污染成为世界性的问题。欧洲泰晤士河、塞纳河、莱茵河等许多著名河流都受到了严重的污染。据世界卫生组织统计，1980年全世界有13.2亿人得不到清洁的饮用水，据医学家估计，世界上每4个病人中便有1个是因水污染而致病的。

二、水污染的严重性

水体中的污染物质就其含量说是较低的，浓度大多在百万分之几到十亿分之几之间。1立方米水中只有几克至千分之几克。但是水体是一个生态系统，生态着浮游植物、浮游动物、小鱼、大鱼，还有食鱼动物等等。浮游植物在光合作用下吸收大气中的氮而生长，浮游动物吃浮游植物，小鱼吃浮游动物，大鱼吃小鱼，食鱼动物吃大鱼，人最后吃食鱼动物或鱼。它们之间形成食物链。污染物质随着食物链逐渐积累，达到损害人体健康的浓度。

水污染对人体造成损害最著名的是“水俣病”。1950年日本熊本县水俣湾附近渔村发现一些猫的步态不稳，抽筋麻痹，最后跳水自杀。到1953年当地发现一些人口齿不清，步态不稳，面部痴呆，进一步耳聋眼睛，最后神经失常，身体发生弯曲，直到死亡。经过长期调查研究，认为主要是水俣湾含汞废水污染造成的中枢神经汞中毒症。含汞废水是上游一家生产氯乙烯和醋酸乙烯的工厂排放的。当含汞废水排入河道后，一部分汞为硅藻等浮游生物所吸收，硅藻是飞蛄等小昆虫的食物，于是汞随硅藻进入昆虫体内富集起来，昆虫死亡，沉入河底，成为石斑鱼等底层鱼的饵料，汞再次富集。鳝鱼等食肉鱼类又以石斑鱼为食，这样由食物链一级级富集，最后使鲶鱼等体内含汞最高达50～60mg/kg，比原来废水中汞高达万倍以上，比正常鱼体内含汞量高出900倍，附近居民长期食用高含汞量的鱼及贝类，导致汞在体内积累引起中枢神经中毒。日本水俣病患者上万人，其中死亡数百人。

我国汞等重金属开采，使用量均较大，有的河流已受汞严重污染，如第二松花江。目前工厂污染源的治理虽初见成效，但是含汞底泥的迁移转化及其存在的影响以及治理技术，还是一大研究课题。日本为防止水俣病的继续蔓延，许多项以疏浚和覆盖相结合的巨大工程正在展开中。

日本的神通川两岸居民长期食用受镉污染的水和农作物，引起肾脏障碍，钙向体外排出。初期病人腰、肾、膝关节疼痛，随后遍及全身。数年后骨骼变形，身长缩短，骨脆易折，甚至轻微活动或咳嗽都能引起多发性病理骨折，有多达73处骨折的，病人疼痛时惨不忍睹。这种镉污染造成的骨痛病患者已有258人，死亡128人。我国沈阳的张士灌区，前几年用含镉污水灌溉出现“镉米”事件。此外，水污染能造成传染疾病，一些污染物对人体有致癌、致畸的作用。

水污染破坏了水的功能，许多水域变成鱼虾绝迹的污水沟。我国嫩江1958～1959年百余公里的江面受酚的污染，死鱼达165万kg，受污染的水产品含有毒物质或有异味不能食用。上海市有条排水管，污水直排长江，使长江口沿岸形成20km长的污染带，污染带发黑、发臭，鱼虾绝迹，幼蟹经过黑色污染带立即死亡。用污水灌溉农田要特别慎重，有的污水虽有大量有机肥，但还含有重金属等有害物质，用这种污水灌溉虽作物长势良好，但重金属等有害物质会在作物体内集聚，被人食用会在人体内积累，危及人体健康。有的污水酸碱度很高，用这种污水灌溉会使农作物减产，农田土质恶化。水污染还会使城市和工厂供水水质得不到保证，还要增加水处理费用。由于水质不好，产品质量下降，设备腐蚀，影响人民生活。如有的城市因河流污染，供水水质没有保障，工厂被迫停产半个月，损失1000多万元。上海市因黄浦江水源污染，不得不到上游另辟水源，投资达9.9亿元。水污染还破坏景观，造成不良的社会影响。据估计，我国水污染造成的直接经济损失每年达100亿元（也有人估计300亿元）。

实践使人们逐渐认识到，水只有量的概念是不够的，一定要有良好的水质才能保证水资源永续和有效的使用。美国总结了建国200年水资源方面的经验认为："最大的不足是忽视了水质问题"。各国都加强了水资源保护工作，用了巨额资金来治理水污染。从40年代到60年代，美国每年投资50亿美元建设污水处理厂，1976～1985年又投资4000亿美元进行污水治理。英国的泰晤士河经过30多年的努力，建了540座污水处理厂，每年投资4.34亿英镑，使水质得到显著的改善，已经绝迹了150年的鲑鱼又重新在泰晤士河出现，河内鱼类恢复到100多种。我们必须吸取他们的经验教训，做到水污染的防治，避免走弯路。

第二节　水　　质

一、水质指标

人们把水体中溶存的各种物理、化学、生物的物质以及由此产生的特性称为水质。可以用水中各种物质的种类，数量（浓度）或者一类物质的共同特性来表示。如用生化需氧量表示水中有机物被微生物分解的特性，水中含有过量的杂质是有害的，但绝对纯净的水在自然界既不存在，也不一定有益。各种用水（饮用水、工业用水、农业用水、渔业用水）对水质都有一定的要求，适宜某种使用的水质，对另一种使用则可能是有害的。水质的好坏是一种相对的概念，它和一定的用途联系在一起。

水质通常用各种水质指标来衡量。水质指标有的是用某种物质或某一类物质的浓度来表示，常用的单位是mg/L和μg/L表示。有一些指标则用某一类物质共同特性来间接反映其含量，如用有机物质容易被氧化的共同特性，以生化需氧量作为综合指标。还有一些指标如混浊度，色度是用标准溶液作为衡量尺度来表示水中物质的种类和数量，由此判断水的优劣程度。常用的水质指标有以下15种。

1）水温：是一项重要的物理指标。温度升高，水生物的活性增加，深解氧减少。在0～30℃范围内，温度升高10℃，生物和化学的反应速度增加1倍，影响水中离子平衡。有些物质如氯化物，温度升高时毒性增强。水体中温度超过一定界限时便出现热污染，危害水生生物生长。水温一般用刻度为0.1°的温度计直接现场测定。

2）臭味：是判断水质优劣的主要指标之一。洁净的水是没有气味的。水受污染后会产生各种臭味。饮用水质标准和地面水环境质量标准都规定水不得有异臭。目前测定臭味的方法是以人的经验，用鼻嗅、文字描述臭味的种类和强度。强度常分为无、极弱、微弱、明显、强烈和极强6个等级。

3）颜色和色度：纯净的水是无色透明的，含有各种杂质的水呈现不同的颜色。含腐殖质的水呈黄褐色或黄绿色，含各种藻类时呈绿色、褐色，水体中排入造纸和印染废水时呈深褐色。根据水的颜色可以推测水中杂质的种类和数量。色度是水颜色的定量指标，它是将水样和一系列不同色度的标准溶液比较而测得的。色度的单位为度，清洁水的色度一般为15～25度，饮用水的色度不得超过15度。

4）悬浮性固体：水样经孔径0.45μm的标准过滤器过滤，凡不能通过过滤器的固体颗粒称为悬浮性固体。水中悬浮物过多会堵塞管道，淤积河床，降低水的透明度，影响水生物原始生产量。悬浮物质沉积可使产卵场破坏。

5）pH值：水中氢离子浓度［H］$^+$可以表示溶液的酸碱性，pH值为水中氢离子浓度的负对数。pH值等于7，相当于25℃时水呈中性；pH小于7，水呈酸性；pH大于7，水呈碱性。天然水中的pH值受二氧化碳、重碳酸盐、碳酸盐平衡的影响，在4.5～8.5范围内。水中pH值影响底泥中金属化合物的溶出度和悬浮物的溶解度，对水中其他物质的存在形态和各种水质控制过程都有广泛的影响。一些污染物如氰化物对鱼类的毒性，随pH值下降而增加。因此，它是最重要的水质指标之一。

6）电导率：是水样导电能力的一种度量。电导L是电阻R的倒数$L=1/R$，单位为欧姆。将截面积为1cm^2，相隔1cm的两个电极片插入电解溶液中，测得的电导就是溶液的电导率，单位为$\mu\Omega$/cm。水中各种溶液盐类以离子状态存在，具有导电能力。天然水电导率一般为50～500$\mu\Omega$/cm，工业废水可为10000$\mu\Omega$/cm。

7）总硬度：肥皂中的脂肪酸钠和水中的钙、镁相遇时其泡沫随即消失，出现沉淀，水的硬度便是指沉淀肥皂的程度。当1升水中含有相当于10mg氧化钙的钙镁离子量时，称硬度为1度。硬度低于8度的水称软水，16～30度的水为硬水，30度以上为极硬水。近年来不少研究表明，水的硬度与心血管疾病（动脉硬化、高血压等）的死亡率呈负相关关系，水质软化地区，死亡率即增加。因此，这一指标越来越被引起重视。

8）碱度：水中能与强酸发生中和反应的全部物质总量，即接受质子H^+的物质总量。水中重碳酸根、碳酸根、氢氧根三种离子总量称为总碱度。碱性物质除非含量过高，一般不会造成危害。碱度影响凝结，城市供水中要注意。

9）溶解氧：水中溶解的氧的量，常用DO表示。水中溶解氧是水生物生存的基本条件，含量低于4mg/L时，鱼类便窒息死亡。溶解氧多时，适于微生物生长，水体的自净能力也强。水中没有溶解氧时，厌氧细菌繁殖，水体发臭，溶解氧是判断水体是否污染和污染程度的重要指标。

10）生化需氧量：水体中微生物分解有机化合物过程中消耗溶解氧的量，全称是生物化学需氧量，以BOD表示。它间接反映了水中可被微生物分解的有机物总量，生化需氧量越高，水中需氧有机物越多。

11）化学耗氧量：是水体中能被氧化的物质，在规定条件下进行化学氧化过程中消耗氧化剂的量，以每升水样消耗氧的毫克数表示，通常记为COD，它反映了水体中有机物污染的程度。由于水中各种有机物进行化学反应的难易程度不同，化学耗氧量只是表示在规定条件下可被氧化物质的耗氧量总和。

12）总有机碳：水体中总有机碳的含量，反映了水体有机物的总量，记为TOC。

13）含氮化合物：水中氨氮、亚硝酸盐氮、硝酸盐氮的含量，是判断水体是否受到有机物污染的重要指标。饮用水中硝酸盐过高，进入人体后被还原为 NO_2^-，直接与血液中血红蛋白作用生成甲基球蛋白，引起血红蛋白变性，对 3 岁以下的婴儿危害尤来严重。实验还证明，亚硝酸盐在人体中与仲胺、酰胺等发生反应，生成致癌的亚硝基化合物。

14）有毒化学物质：有毒化学物质主要是重金属和难分解的有机物，如汞、铬、镉、钾、铜、铅、锌、酚、氰化物、有机氯、有机磷农药、多氯联苯等。

15）大肠菌群和细菌总数：大肠菌群是大肠菌及其他与其相似的细菌的总称。它们经常生活在温血动物肠道内，在粪便中大量存在，但对人体无害。如水体中发现了大肠菌群，说明水体已受到粪便污染，可能伴有病源微生物存在，水中没有大肠菌群，病源菌也不可能存在。饮用水中不应含有病原微生物。大肠菌群的量一般以 1 升水中大肠菌群数来表示。

二、水质标准

为了保护水资源，控制水质污染，维持生态平衡，各国对不同用途的水体都规定了水质要求——水质标准。水质标准是评价水体是否受到污染，水环境质量好坏的准绳，也是判断水质适用性的尺度。它反映了国家保护水资源政策目标的具体要求。环境保护法规

表 6-1　　地面水环境质量三级标准　　单位：mg/L

项目＼分级	第一级	第二级	第三级
pH 值（标准值）	6.5～8.5		
水　温	地面水受纳废热后，水域混合边缘处的水温允许增高 3℃，夏季，水域水温最高不得超过 35℃		
肉眼可见物	水中无明显的泡沫、油膜、杂物等		
色（铂钴法、度）	≤10	≤15	≤25
嗅	无异臭	臭强度一级	臭强度二级
溶解氧	饱和度≥90％	≥6	≥4
生化需氧量（5 d20℃）	≤1	≤3	≤5
化学需氧量（高锰酸钾法）	≤2	≤4	≤6
挥发酚类	≤0.001	≤0.005	≤0.01
氰化物	≤0.01	≤0.05	≤0.1
砷	≤0.01	≤0.04	≤0.08
总　汞	≤0.0001	≤0.0005	≤0.001
镉	≤0.001	≤0.005	≤0.01
六价铬	≤0.01	≤0.02	≤0.05
铅	≤0.01	≤0.05	≤0.1
铜	≤0.005	≤0.01	≤0.03
石油类	≤0.05	≤0.3	≤0.5
大肠菌群	≤500 个/L	≤10000 个/L	≤50000 个/L
总　磷①	≤0.1		
总　氮①	≤1.0		

① 为参考标准，专对湖泊、水库等封闭性水域的水要求，以防止富营养化。

定，工矿企业排放污水必须符合国家规定的排放标准，超过标准的要征收排污费或限期治理。因此，水质标准又是执法的依据，是制定污染防治规划的重要条件。

水质标准分为水环境质量标准、污染物排放标准和用水水质标准。

水环境质量标准，是以保障人体健康、保证水资源有效利用而规定的各种污染物在天然水体中的允许含量。它是在污染物对人体健康、水生生物、农作物影响的大量科学试验基础上，考虑了各国水质现状、科学技术水平和经济条件后制定的。由于水体用途不一样，对水质的要求差异很大。要制定适用于各种用途的统一标准是十分困难的。一般都按水体的不同用途分别制定水环境质量标准。美国将水域用途分为游览、养鱼、水禽养殖和公共用水四大类。日本的河流环境标准则将水体分为饮用水、水产、工业用水、农业用水、环境保护和自然保护等几大类。我国对水环境质量的管理也采取分级管理的办法，地面水环境质量标准(见表6-1)分为三级。第一级为水质良好的水质标准。水中污染物

表 6-2　　生活饮用水水质标准

编　号	项　目	标　准
	感观性状指标：	
1	色	色度不超过15度，并不得呈现其他异色
2	浑浊度	不超过5度
3	臭和味	不得有异臭、异味
4	肉眼可见物	不得含有
	化学指标：	
5	pH值	6.5～8.5
6	总硬度（以CaO计）	不超过250mg/L
7	铁	不超过0.3mg/L
8	锰	不超过0.1mg/L
9	铜	不超过1.0mg/L
10	锌	不超过1.0mg/L
11	挥发酚类	不超过0.002mg/L
12	阴离子合成洗涤剂	不超过0.3mg/L
	毒理学指标：	
13	氟化物	不超过1.0mg/L，适宜浓度0.5～1.0mg/L
14	氰化物	不超过0.05mg/L
15	砷	不超过0.04mg/L
16	硒	不超过0.01mg/L
17	汞	不超过0.001mg/L
18	镉	不超过0.01mg/L
19	铬（六价）	不超过0.05mg/L
20	铅	不超过0.1mg/L
	细菌学指标：	
21	细菌总数	1mL水中不超过100个
22	大肠菌群	1L水中不超过3个
23	游离性余氯	在接触30min后应不低于0.3mg/L集中式给水除出厂水应符合上述要求外，管网末梢水不低于0.05mg/L

注　分散式给水的水质，其毒理学指标应符合本条规定，其他指标如暂时达不到水质标准时，应采取行之有效的饮水净化措施，不断提高给水水质。

“渔业水域水质标准”及“农田灌溉水质标准”参见其他有关书刊。

质含量低于这一标准规定的浓度时，水体感观性状良好；水体自净作用和水中鱼类等水生生物的生长繁殖不会受到不良的影响；对人们长期饮用不会受到直接或间接的有害影响，这相当于未受人类活动污染影响的河流源头水质，宜作各种用途的良好水源。第二级为水体水质较好的水质标准。这时水体水质已受工农业污染物的轻微影响，感观性状有一些不易被人察觉的变化；水体自净作用未受到明显的影响，对鱼类等水生生物和农业物不会产生有害的影响，人长期饮用是安全的。该级标准大体相当于“生活饮用水卫生标准”中水源水质标准和“渔业水质标准”。第三级为水体水质尚可的标准。这是依据水质基础资料为防止地面水污染而规定的最低水质要求。水中污染物含量不超过标准规定的限量时，水质基本能满足各种用途的要求。

生活饮用水水质标准（见表6－2）是城乡集中式生活饮用供水（包括各单位自备给水）和分散式生活饮用供水的水质标准，是指经过必要的净化处理和消毒后达到的水质。

饮用水源的水质要求如下：

1）若水源水只经过加氯消毒即供作生活饮用，要求水源中大肠菌群平均每升不得超过1000个。经过净化处理和加氯消毒后供作生活饮用水的水源水，大肠菌群平均每升不超过10000个。

2）水源水的感观性状和化学指标，经净化后应满足表6－2水质标准规定。

3）水源水毒理学指标应符合表6－2水质要求。

第三节　水　质　管　理

一、水质评价

水质评价是根据水的不同用途及污染源调查的资料，选定评价参数，按照一定的质量标准和评价方法，对某一水域的水质或水域的综合性进行质量评定。

（一）水质评价的类型

水质评价的内容广，因工作目的不同和研究问题的角度不同，其分类的方法也不同。按水资源或水体的不同用途来划分，有饮用水质评价、渔业用水水质评价、灌溉用水水质评价等等。水的用途不同，水体的功能不同，参数的选择、评价标准和方法也不尽相同。如果按水体的类型分，有河流水质评价、湖泊水质评价、海洋水质评价、地下水水质评价等。在水质评价中，可以只评价水体的水质，也可对水库等整个水体进行综合评价；可只选一个参数评价，也可选多个参数评价。总之，要从实际出发，评价的目的不同，选用的参数、评价的方法和标准也不尽相同，评价的类型也就不同。

（二）水质评价的工作内容

水质评价最简便、直接的方法，是对水体感观性状作描述性评价，包括水的颜色、味道、臭味、透明度、混浊度等，作为初步判断水体污染的依据。污染严重，尤其是有机物污染严重的水体，一般都是污浊黑臭，水质好的水体则清澈透明。利用水质监测数据进行评价，使用时间最长、最通用的方法是，计算污染物质在水体中的检出率、超标率和超标倍数等。

$$某种物质检出率=\frac{出现该物质的样品数目}{监测样品总数}$$

$$某种物质的超标率=\frac{检出值超过水质标准的样品数}{监测样品总数}$$

$$超标倍数=\frac{检出值-标准值}{某种物质（指标）的标准值}$$

现代工业的发展使排入水体污染物质的种类繁多，各种污染物对人体和水生生物的毒性可能互相叠加或相互抵消，温度增高也会使污染物的毒性明显地增高。因此，用单项指标来标价水质，往往不能全面反映水质污染状况及其对人体健康或水生生物的危害。近年来提出了多项参数综合评价的方法，将各参数综合成一个概括的参数来评价水质，故也叫指数评价法或称数学模式评价法。

二、水质保护

水污染问题出现的时间较早，只是到了现代，由于人口急剧增长并向城市集中，工农业迅速发展，排污量的大量增加，水污染的问题才突出起来，成为世界性的问题，并引起各国的重视。人类与水污染的斗争大约经历了三个阶段。60年代中期以前属于被动治理阶段，这是在污染出现以后才采取措施进行治理，是头痛医头，脚痛医脚，费用花掉不少，成效甚微。60年代中期以后转向主动综合治理，一方面运用工程技术措施减少污染；另一方面用法律、经济、行政手段限制排污。在这一阶段，各国相继建立、健全了管理机构，并加强环境管理，使环境质量有了改善。第三阶段是1972年在斯德哥尔摩举行的联合国环境会议后，初步阐明了发展与环境的关系，指出环境问题不仅是一个技术问题，同时也是一个重要的社会经济问题，必须从协调发展与环境的关系入手，以预防为主。在制定经济发展规划时，要考虑对生态环境的影响，采取避害趋利措施，实行区域综合防治。这次会后，使人类对环境污染问题提高了认识。

为了协调社会发展和水污染的关系，保护生态环境，保证水资源的有效利用，各国都颁布了许多保护水资源和防治水质污染的法令。同时，采取行政、法律、技术、经济等手段来控制进入水体的污染物质的排放量、浓度、种类、排放时间和地点，并规定了防治水体污染的管理制度和职责。

我国党和政府都很重视水资源保护工作。中华人民共和国环境保护法规定“保护江、河、湖海、水库等水域维持水质良好状态”。1984年颁布了《水污染防治法》，与此同时制定了一系列的法令、条例、标准。在官厅水系、松花江、湖江、白洋淀、蓟运河等一些重点水系的污染治理中取得了显著的成效。第二松花江宣布了四批限期治理项目，前后治理了很多项工程，使排入江内的汞减少90%，酚、氰减少60%，有机物减少50%。水体中各项污染物测出浓度有明显的下降，一些鱼虾已绝迹的江河，又重新出现了鱼群。

我国防治水体污染实行“预防为主，防治结合”的方针。要“全面规划，合理布局，化害为利，依靠群众，造福人民”。解决水污染问题与经济建设、城乡建设同步规划，同步实施，同步发展，把污染的防治纳入国家计划经济管理轨道，同企业技术改造结合起来。

各国水资源保护的重点都放在与人民生活密切相关的生活饮用水源地，风景名胜区水体，重要渔业水域和有特殊经济文化价值的水体。许多国家对这些水体都划定专门的水源保护区，实行严格的管理。

为了保护水体不受污染，国家规定禁止向水体排放油类、酸液、碱液或剧毒废液，放射性物质的固体废弃物和废水，以及含汞、镉、钾、砷、铬、铅、氰化物和黄磷等的可溶性剧毒废渣，工业为渣，城市垃圾及其他废弃物。禁止在水体中清洗装贮过油类或有毒污染物的车辆和容器。向水体排放废污水必须遵守国家规定的标准，达不到标准应负责治理。禁止在江河、湖泊、运河、渠道、水库最高水位线以下的滩地和岸坡堆放、存贮废弃物和其他污染物。

为了防止地下水的污染，禁止利用渗坑、渗井、裂隙和溶洞排放倾倒含有毒污染物的废水、含病原体的污水和其他废弃物。禁止用无防渗漏措施的沟渠、坑塘输送或者存贮上述废污水。开采多层地下水时，如果各含水层水质差异大，应当分层开采。兴建地下工程设施或进行地下勘探、采矿等活动，应采取防护性措施。人工回灌补给地下水，不得恶化地下水质。

三、防止水污染的措施

水污染防治法规定了一系列的管理制度，以保证防治污染的措施能实行。

（1）水源保护区制度　水污染防治法规定：“县以上人民政府可以对生活饮用水源地，风景名胜区水体，重要渔业水体和其他具有特殊经济文化价值的水体划定保护区”。“保护区内不得新建排污口，原有排污口排放污水必须达到排放标准，危害饮用水源的排污口应当搬迁”。

（2）排污收费制度　对向水体排放污染物的企事业单位征收排污费，超过国家或地方规定的污染物排放标准的，还要征收超标排污费，并责令其负责治理。征收的排污费主要用于工厂企业的治理。根据污染物排放的种类、浓度和数量征收超标排污费，这体现了“污染者负担原则”。

（3）排污登记制度　所有直接或间接向水体排放污染物的企事业单位，应按规定向所在地环境保护部门申请登记拥有的污染物排放设施、处理设施和正常作业条件下排放污染物的种类、数量和浓度，并提供防治水污染方面的有关技术资料。

（4）环境影响评价制度　这是环境管理中贯彻预防为主的重要手段。建设单位要求新建、扩建的基本建设项目，必须在可行性研究的基础上，编制环境影响报告书。对建设项目可能产生的水污染和生态环境的影响作出评价，制定防治措施。环境影响报告书经批准后再编制项目计划任务书。工程初步设计必须有环境保护的内容，阐明环境保护设计的依据、排放污染物的种类、数量、处理工艺和达到的排放指标。同时，阐明防治污染设施种类、构造和操作规范，以及资源开发引起的生态变化和所采取的防范措施、环境措施的概算等。对新建、改建、扩建或转产的乡镇、街道企业，都必须填写“环境影响报告表”，经批准后才能建设。

（5）三同时制度　基本建设项目防治污染及其他公害的设施必须与主体工程同时设计、同时施工、同时投产。建成投产或使用后其污染物的排放必须符合排放标准。对于不执行“三同时”规定造成污染的，要追究有关部门、单位或个人的经济责任和法律责任。

（6）限期治理制度　对造成水体严重污染的排污单位，由有关地方政府批准，实行限期治理。污染严重又无法治理的企业，实行关、停、并、转、迁。

在生活饮用水源受到严重污染，威胁供水安全等紧急情况下，经批准可采取强制性应急措施，包括责令有关企事业单位减少或停止排放污染物。

(7) 现场检查制度　环境保护和有关监督管理部门，有权对所管辖的范围内的排污单位进行现场检查。被检查单位应当提供有关技术资料。国家还采用经济手段来促进污染物治理。除了征收排污费外，对综合利用“三废”的单位或个人给予奖励，对综合利用“三废”的产品减免税收，所获得的利润留给企业，继续用于治理污染。对于违反有关规定的，根据不同情节分别给予警告、罚款或责令停业、关闭等处罚。造成水污染危害的单位，有责任排除危害，对受害的单位或个人赔偿损失。

我国水污染防治法还规定，在开发、利用和调节水资源的时候，应当统筹兼顾，维护江河的合理流量和湖泊、水库以及地下水体的合理水位，维护水体的自然净化能力。要把保护城市水源和防治城市水污染纳入城市建设规划，建设和完善城市排水管网和污水处理设施。

水污染防治涉及各行各业，在管理上各国都强调地方政府为主的管理体制。但是河流污染还涉及上下游、左右岸、干支流的关系，受到河流水源开发、利用、调节的影响，因此，还必须强调流域的统一管理。英、美、法和前苏联等许多国家对跨行政区的河流都设置的流域管理机构，协调管理流域水资源开发、利用，对河流水量、水质进行监督管理。英国按全国流域设置了 10 个流域管理局，负责管理水源开发、供水、排水、废水处理、防洪、农渔业用水、航运、水上娱乐设施等。流域管理局既是企业机构，独立经营，自负盈亏，又具有管理职能。流域内用水、排水都要经流域管理局批准。目前世界上总的趋势是实行这种地方管理与流域统一管理相结合的体制。据认为，这种体制是行之有效的。

第四节　水 污 染 的 控 制

一、城市污水利用

随着工业和城市用水量的不断增长，世界各国普遍感到水资源日益紧张，因此，开始把处理过的城市污水开辟为新水源，以供工业、农业、渔业和城市建设等各个方面的需要。

多年的实践表明，城市污水的再利用优点很多，它既能节约大量新鲜水，缓和工业和农业争水及工业与城市争水的矛盾；又可大大减轻受污染的水体受污染的程度，保护天然水资源。当利用城市污水灌溉农田时，还利用了污水中的氮、磷等肥分，节省了脱氮、脱磷等一系列复杂的处理过程。

(一) 城市污水回用于工业

城市污水一般可回用于冷却水、锅炉供水、生产工艺供水，以及其他用水，如油井注水、矿石加工用水、洗涤水及消防用水等。其中尤以冷却水最为普遍。

有回用之前，应根据不同用途对水质提出不同要求：对城市污水应作不同程度的处理，有时可直接引用城市污水处理厂处理后的水，有时还需再做补充处理；如果利用城市污水做冷却水时，应保证在冷却水系统中不产生腐蚀、结垢，以及对冷却塔的木材不产生水解侵蚀作用，此外还应防止产生过多的泡沫。因此有时需对二次处理后的城市污水加以混凝沉淀的补充处理。有些国家的实践证明，天然河水如不加防腐剂，其腐蚀性能有时大于净化后的城市污水。利用城市污水作为冷却水源，往往比利用天然水源更经济。到1971年为止，美国利用处理过的城市污水的工厂企业已达358家（主要为电力、制革和造纸工厂等)。回用的城市污水量已占这些部门全部工业用水量的90%。为了发展城市污水的再利用，日本还特别设置了专门的管理系统，并称为“中水道”，以区别上、下水道。

(二) 城市污水回用于农业

利用污水灌溉农田已有很久的历史。像欧洲柏林、巴黎等大城市都有大量城市污水用于郊区农田灌溉。美国1971年用于农田灌溉的城市污水，约占总回用量的59%。

实践证明，污水灌溉农田具有净化污水、提高肥源、改良土壤等好处。但同时也存在着影响环境卫生、导致土壤盐碱化等问题。因此，应加强管理，并根据土壤的物质、作物的特点及污水性质，采用妥善的灌溉制度和方法，并制定严格的污水灌溉标准。在国外一般严禁采用不经处理的城市污水灌溉，也不主张经过一级处理就利用于农田，大多数则是经过二级处理（生化处理）后才可灌溉农田。

此外，城市污水经过科学处理后，也可利用于养鱼。

(三) 城市污水回用于城市建设

主要用途有作娱乐用水或风景区用水；与水库水混合作为城市公共水源；作城市饮用水；回灌地下水。在把处理过的城市污水用于与人体接触的娱乐及体育方面的用途时，对水质的要求必须清洁美观，不含有刺激皮肤及咽喉的有害物质，不含有病原菌。在南非(阿扎尼亚）和以色列已有两个成功的例子，即把处理过的城市污水用作饮用水。关于利用城市污水作饮用水源的问题，争议很大，众说纷纭，主要是担心其卫生性状差，同时还有心理作用。因此还需进一步加强科学实验。

将处理后的城市污水回灌地下，以人工补给地下水源时，也必须对水质进行严格的控制。

二、废水处理

废水处理的目的，是用各种方法将废水中所含的污染物质分离出来，或将其转化为无害物质，从而使废水得到净化。

(一) 废水中的主要污染物质

废水的种类多种多样，其所含的污染物质又千差万别，从防止污染和进行废水处理的角度看，对一些主要污染物必须处理。

1）pH值。这是指废水中的酸碱性，要求处理后废水的pH值在6～9之间。

2）悬浮物质。这是指悬浮在水中的污染物质，其中包括无机物，如泥沙；也包括有机物，如油滴、食物残渣等。

3）有毒物质。这是指酚、氰、汞、铬、砷等，当废水含有这些物质时，必须分别单独测定其含量，并考虑处理方法。

4）生物需氧量。

5）化学需氧量。

其他如水温、油脂、溶解性物质、氮、磷含量等，对于特殊的废水，也可能成为应主要考虑的水质指标。

(二) 废水处理的方法

对不同的污染物应采取不同的污水处理方法。这些处理方法可按其作用原则分为三大类，即物理法、化学法、生物法。

(1) 物理法　主要是利用物理作用分离废水中呈悬浮状态的污染物质，在处理过程中不改变其化学性质。属于物理的方法有：沉淀（重力分离）法、过滤法、离心分离法、浮选法、蒸发结晶法和反滤法等。

(2) 化学法　利用化学反应原理及方法来分离回收废水中的污染物，或改变污染物的性质，使其从有害变为无害。属于化学处理方法有混凝法、中和法、氧化还原法、电解法、汽提法、萃取法、吹脱法、吸附法和电渗析法。

(3) 生物法　主要是利用微生物的作用，使废水中呈溶解和胶体状态的有机污染物化为无害的物质。属于生物处理的方法有：活性污泥法、生物膜法、生物（氧化）塘及污水灌溉等方法。

三、用经济手段治理水污染和改善环境质量

水污染的治理可以通过各种手段，有法律、经济、技术、行政、教育等，经济手段是重要手段之一。

随着城市经济体制改革，企业自主权的扩大，乡镇工业的迅猛发展，指导性计划和市场调节部分的扩大。在这种新形势下要自觉运用价值规律，发挥经济杠杆作用，使经济和治理污染协调发展。

(1) 征收排污费和实行排污许可证制度　从环境经济的观点看，环境资源、环境质量也是商品，所有企业都不能无偿地随便使用。向城市下水道系统、城市污水处理厂、城市附近的水体、城市的大气和土地等各种空间排放污染物，都应遵守所规定的排放标准，并应对各企业实行排污许可证制度。按批准的排放方式、排放标准和去向，排放污染物。凡按排放标准排污的，可不收或少收排污费（或税）。凡不符合排放标准和要求的都要收费。排污收费是促进企业防治污染的一种经济手段。使用环境资源、环境质量，在排污总量及浓度不超出环境自净能力的容许限度时，可以不交排污费；如果超标排放，排污量超出环境自净能力的容许极限，就有可能造成经济损失和环境贬值，损害人体健康。这时就必须征收排污费，不允许企业以牺牲环境为代价获取利润。征收的排污费数量不能太少，否则企业就会出钱买排污权，而不去防治污染。

(2) 征收资源费　合理开发利用环境资源，使可更新资源永续利用，使不可更新资源节约和合理利用；可使工业布局合理，寻求最佳的土地利用方案。如何运用经济手段促使经济管理工作者、企业领导人在发展生产的过程中，愿意为保护和合理利用资源作出贡献，这可对超额使用地下水收费；征收资源税，以保证煤炭等矿产资源合理开采使用；征收土地税，以提高征用土地的价格等。

(3) 征收环境补偿费用　损害环境资源者要负担恢复原环境的费用。人类的经济活动利用的是环境资源，“消耗”的是环境质量。如果环境质量下降，环境贬值，资源开发者、生产者必需负担环境贬值的费用，如征收环境补偿费用，环境破坏者须负担恢复原环境的费用等。

(4) 提高资源利用率　为了促进对环境资源的综合利用，1973 年第一次全国环境保护会议提出，要改革不利于综合利用的规章制度，对开展工业“三废”综合利用给以奖励。1977 年财政部发出了对治理工业“三废”，开展综合利用给以免税、减税的通知。同年国家计委、国家建委、财政部和国务院环境保护领导小组颁布了《关于治理工业“三废”开展综合利用的几项规定》。1979 年财政部和国务院环境保护领导小组又对综合利用产品的利润提留，作了补充规定。这些规定和奖励措施，对开展“三废”的综合利用起了良好的促进作用。

(5) 罚款与赔偿　对于污染事故造成的损害，如农田减产、鱼类死亡等都要由排污单位赔偿经济损失。对于污染严重、长期治理不力，或因事故排放造成严重后果的单位或个人，要给以经济处罚，直至追究刑事责任。

(6) 其他经济手段　如对环境保护工程措施进行低息或无息贷款，对“无废”技术的研究、推广实行奖励政策，对没有直接经济收益的环境保护工程措施进行经济补贴，利用价格政策促使其回收资源等等，都是行之有效的经济手段，对水污染治理和强化环境管理，将起着重要的作用。

第七章　水害及其防治

第一节　概　　述

一、防治水害是水资源管理的内容之一

存在于河流、湖泊、地下、大气中的水资源，是人类赖以生存的最为宝贵的自然资源。对水资源进行科学管理，做到合理开发利用水资源，是人们在经济建设和科学研究中的重要课题。

河川水资源与其他资源相比，具有水利和水害的两重性。由于大气降水周期性与随机性的变化，导致河川径流也存在着周期性与随机性的变化规律。在年内，每年都有一个来水充沛的时期，称为汛期或丰水期；相应每年都有一个来水较少的时期，称为枯水期，这是周期性变化的具体表现。在丰水期，常常会发生特大暴雨，而这种特大暴雨的发生时间及大小每年是不重复的，这是随机性变化的具体表现。一旦发生特大暴雨，河水猛涨，形成洪水，严重威胁着下游地区人民生命财产的安全。降水太多，在某些排水不畅的地区也会带来内涝等灾害。发生这种洪水、内涝等灾害的主要原因，是水资源运动变化的自然属性同人类社会对水资源的需求之间的矛盾所引起的。要防治水害，减免水灾损失，首先必须认识和掌握水资源运动变化的自然规律。例如，对某地区的防洪而言，虽然不能掌握未来某一天该地区有无洪水发生，洪水有多大，但可以掌握未来一定时期内洪水发生的统计规律。只有掌握了这一规律，才有可能实施有效的防洪措施。而洪水的发生是构成水资源的水体不合适的运动变化所致，该地区某次洪水的总量是水资源年径流量的一部分，某次洪水的历时是水资源年径流历时的一部分。因此，只有掌握了水资源的运动变化规律，或者从广义上说，只有掌握了大气水、地表水、地下水三水转化的规律，对水资源的运动变化实施有效的人为调节，改变水资源运动变化的自然状态，才能达到兴水利与除水害的目的。兴水利与除水害两者相依并存，在水资源规划、开发、利用等管理环节中需要统筹考虑，合理安排。总之，防治水害是水资源管理中不可分割的内容之一。

二、水害给国民经济造成的损失

我国在历史上就是一个水灾频繁的国家。水灾比较严重的主要是黄河、长江、淮河、海河、珠江、松辽河等大江河的中下游地区。

1. 黄河

在解放前的2000多年中，黄河决口泛滥1500多次，大改道26次。三年两决口，百年一改道。1117年决口淹死100多万人；1642年水淹开封，全城37万人，死34万人；1933年洪水造成决口50余处，受灾面积11000余平方公里，受灾人口364万余人，死亡1.8万余人；1938年蒋介石在花园口扒堤，1250万人受灾，淹死89万人，财产损失9.5亿银元。

2. 长江

从汉朝至今长江共发生大小洪灾200余次。1788年荆北大堤决口水淹荆州城，波及面积达7000～8000km^2。1931年宜昌市出现63600m^3/s洪峰流量，自沙市至上海的沿江城市受淹，有2855万人受灾，死亡14万多人，淹地5000万亩，汉口市内行舟。1935年洪水淹没农田2264万亩，受灾1003万人，淹死14.2万人。

3. 淮河

自1194年淮河下游河道被黄河夺截后的500年间，淮河发生水灾350余次。1931年江淮同时发生大水，洪水淹没蚌埠城区，淹没农田7700万亩，死亡7.5万人。1950年洪水，受灾面积达2610万亩，受灾人口1000万人，倒塌房屋89万间。1954年大水，洪涝面积达6000万亩，倒塌房屋143万间。1975年8月，淮河上游洪汝河、沙颍河水系发生我国历史上罕见的特大暴雨，出现特大洪水，致使板桥、石漫滩两大水库洪水漫顶垮坝，冲毁铁路100km，淹没农田1500万亩。

4. 海河

海河在解放前的580多年间发生水灾367次，近300年来，有5次洪水波及北京，8次洪水进入天津。1917年大水，淹没农田250多万亩，受灾人口635万人，水淹天津市。1939年洪水，天津市内行舟，淹没农田5000万亩，灾民达800万人，冲毁铁路160km。1963年洪水，造成22个县市进水，京广铁路中断75km，5700多万亩耕地受淹，损失60多亿元。国家为恢复水毁工程救灾开支达10多亿元，津浦路未中断，天津市未进水。

5. 珠江

1915年珠江的主要支流北江、西江同时发生大水，江堤溃决，梧州市三楼上水，广州部分市区被洪水淹没7天，三角洲受灾农田450万亩。

6. 松辽河

1932年松花江大水，哈尔滨市进水，当时全市38万人，24万人受灾，沿江两岸淹地8325万亩。辽河在1950～1985年的36年间，有21年发生了洪涝灾害。1985年因受台风侵袭，连降暴雨和大暴雨，辽河、浑河、太子河同时出现洪水，受灾人口533.5万人，倒塌房屋17.4万间，受灾农田1269万亩，减产粮食34亿公斤，输电线路、公路交通水毁严重，直接经济损失30.72亿元。扣除风灾、低温的损失，纯属洪灾造成的直接经济损失为24.24亿元。

三、防治水害

建国以来，党和政府把防御水害，作为关系到社会主义经济建设和广大人民生命财产安全的大事，投入了巨大的财力、物力和人力，建成了数以万计的除害兴利工程。整修新修堤防、圩垸、海塘；修建水库、塘坝、水闸；疏浚开挖排水河道；设置分洪区、滞洪区；建立洪水预报系统，建成了一个粗具规模的防洪防涝体系，提高了江河防洪能力，初步控制了普通的洪水灾害。

（一）防洪效益显著

巨大的防洪工程建设，在历年的防洪斗争中发挥了重要作用，效益显著。

黄河改变了三年两决口的局面，从1946年人民治黄以来，从未决口。1958年郑州花园口站出现22000m^3/s的特大洪水，由于加高加固了大堤，兴建了东平湖滞洪区，加上指挥正确，防守得力，确保了两岸大堤的安全。

长江 1954 年特大洪水，流量超过 1931 年洪水，却保住了荆江大堤和保证了武汉市、南京市的安全，大大减轻了灾害损失。

海河流域 1963 年发生了比 1939 年更大的洪水，却保住天津市和津浦铁路的安全。

辽河中下游 1985 年大水成灾，除了人力不可抗拒而造成的损失外，由于建国以来兴建的大量水利工程发挥了作用，特别是大伙房、清河等 7 座大型水库和 1086 座排水站及整个排水系统，在挡洪削峰、调峰、错峰和排除涝水方面起到重要保障作用，保住了盘锦市、辽河油田和化肥厂，农田减淹 100 万亩，粮食减少损失 19.3 亿公斤，减少直接经济损失 17.91 亿元。为该地区 1949～1984 年 36 年国家为防洪涝投资 6.38 亿元的 2.8 倍。1986 年辽宁省又发生了大于 1985 年的洪水，仅辽河干流的防洪经济效益即达 13.27 亿元。

松花江干流 1985 年发生了 5～10 年一遇洪水，同时，三江平原地区降雨量也超过历年汛期同期雨量，形成大面积涝灾。经过黑龙江全省人民奋力抢险，主要堤防没有溃决，全省减淹面积约 900 多万亩，估算减少经济损失约 17 亿元。

（二）治涝效益显著

我国容易遭受涝灾地区面积达 3.9 亿亩，绝大部分分布在黄、淮、海平原，松辽平原，长江中下游的洞庭湖、洪湖、鄱阳湖、巢湖和下游太湖等滨湖平原，以及长江、珠江三角洲平原地区。解放以来的 30 多年间，已初步治理面积在 2.76 亿亩以上，约占全部易涝面积的 3/4；原有盐碱地面积 1.1 亿亩，初步改良了 6700 万亩，占 3/5。

第二节 洪水危害及其防治

一、洪水危害

（一）洪水的形成和特征

洪水一般是指能酿成灾害的大水。我国内陆大部分地区的洪水是由暴雨造成的，只有个别高寒地区的洪水有时是由融雪融冰造成的。当集水区域（流域）内发生暴雨或融雪融冰时形成大量的地面径流，迅速汇流河槽，河水激增、水位猛涨，因而发生了洪水。由暴雨形成的洪水称为雨洪，由融雪融冰形成的洪水称为春汛。

流域内一次洪水的特征，通常可用洪水的三要素来表示。

1）洪水过程线：流域内某一测流断面上的洪水流量是随时间变化的，即 $Q=f(t)$，其涨水段为 t_1，退水段为 t_2，洪水总历时为 T。

2）洪峰流量：是一次洪水过程中的瞬时最大流量，以 Q_m（m^3/s）表示。

3）洪水总量：是一次洪水过程的总水量，为洪水过程线与横坐标轴所包围的面积，以 W_T

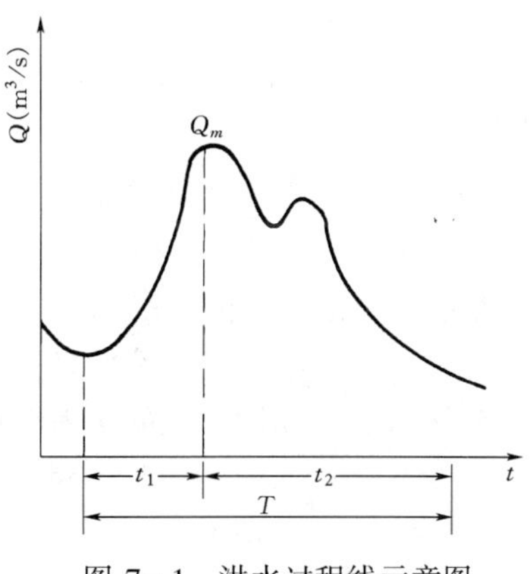

图 7－1 洪水过程线示意图

表示。

以上洪水三要素，可简称为峰、量、形。一般说来，丘陵山区河流由于河槽比降较大，调蓄作用较小，洪水多暴涨暴落，峰高量小；平原河流河槽比降较小，调蓄作用较大，洪水缓涨缓落，峰矮量大。

洪水的自然属性决定了它对人类具有强大的破坏性，一般说来，山区河流洪水多以水冲破坏为主，平原河流洪水多以淹没破坏为主。

（二）洪水灾害的定义和分类

洪水灾害是指河流洪水泛滥成灾，详细点说，是指洪水淹没、浸没、冲蚀、砂石压盖人类生产、生活设施和土地所造成的损失。

按洪水的形成，其灾害可分为：①暴雨洪水灾害；②融雪融冰洪水灾害；③冰凌洪水灾害；④海水暴潮入侵灾害。

按洪水的特征，其灾害可分为：①洪水总量致灾型灾害；②洪峰流量致灾型灾害。

按洪水和涝水的关系，可分为纯洪水灾害和先涝后洪或洪涝交错的混合型灾害。

（三）洪水灾害的特点

洪水灾害同其他灾害相比，具有以下明显的特点。

（1）随机性　洪灾由洪水造成，洪水的发生是随机的，相应地洪灾的发生也是随机的。目前，虽然水文上能用概率统计理论来揭示洪水发生的规律，预估出某一频率的洪水的大小及其破坏程度，但大洪水何时发生，频率有多大，取决于大气降水等随机性因素的变化。现在的科学技术还不能作出确切的长期预报。因此，洪灾损失具有与洪水同步的随机性。

（2）社会性　洪灾损失从其空间范围而言，是一个面或一大片，其灾害对象具有广泛的社会性，有工业、农业、商业、交通运输业、服务业等部门，门类众多，损失各异，有经济的也有非经济的，有直接的也有间接的。因此，要确切地计算一次洪灾的损失，需要社会各部门的广泛合作。同样，要避免或减少洪水灾害，也要社会各界的通力协作。

（3）递增性　社会经济在飞速发展，社会财富在日益积累。在不同年代发生同频率的洪水，其洪灾损失是不相同的。即随着时间的推移，同一洪泛区的洪灾损失具有递增的特性。

上述洪灾损失的特点，说明某一频率的洪水的发生是随机的，在不同年代发生，其洪灾损失的程度是不同的，灾害的对象具有广泛的社会性。这种社会性决定了洪灾损失的具体内容。

（四）洪灾损失的主要内容

1. 经济损失

这是指从全社会角度用货币计量的损失，又分直接损失和间接损失，包括：

1）农、林、牧、副、渔等各类用地的损失；

2）国家、集体和个人的房屋、设施、物资等财产的损失，以及文物古迹的损失；

3）工矿停产、商业停业和交通中断的损失；

4）防汛、抢险费用；

5）修复水利工程和恢复交通、工农业生产的费用；

6）其他。

2. 非经济损失

这是指那些难于或不便用货币计量的损失，又分直接的、间接的和难于严格划分的三种，包括：

1）生命伤亡、疾病流行与精神上的痛苦；

2）电力、交通、通讯中断造成的困境；

3）对机关、学校正常工作、学习的影响；

4）因洪灾引起的各种不安定因素对社会的影响；

5）生态环境的变化；

6）其他。

二、防洪措施

洪水是一种自然现象，这种自然现象对人类的生存、经济的发展具有毁灭性的灾害。为保障人民生命财产的安全，人类必须揭示洪水发生的规律，采取有效措施避免或减轻洪水灾害。就洪水防治措施而言，目前世界各国已从单靠修建以工程措施为主的防洪工程，逐渐转向采取综合措施，并十分重视非工程措施的防洪策略。

（一）工程防洪措施

所谓工程防洪措施是指通过修建各类防洪工程，以控制洪水，减免灾害的措施。防洪工程措施一般有以下两种类型。

1. 以蓄、滞为主的防洪工程措施

1）在流域内修建谷坊、塘、堰、植树造林及坡地改梯田等，这种大面积的保持水土、调蓄径流的措施，不仅是减少、控制洪水的有效措施，而且有利于农业增产。

2）在河流上修建水库，利用水库库容拦蓄洪水或滞蓄洪水，削减下游河道的洪峰流量，减轻或避免洪水灾害。

2. 以排为主的防洪工程措施

1）修筑堤防，即通过增加河流两岸堤防的高程，来提高河槽安全宣泄洪水的能力，我国平原河流大多采用这种工程措施防洪。

2）整治河道，即对河道裁弯取直及浚深河床，以加大河道过水能力，使水流畅通，以减轻或避免洪水灾害。

兴建防洪工程，其目的是为减轻或避免洪灾损失，但防洪工程本身只不过是人们为了达到这种目的一种工具，是生产力三要素中的劳动资料。要达到减免洪灾损失的目的，离不开劳动者这一人的因素。修筑大坝、闸门、堤防、河道等防洪工程，是一种物质生产行为，需要人们合理规划、精心设计、施工建设，其中每一阶段都需要科学的管理和决策。在工程竣工后交付水管单位使用，更需要管理工作者的科学管理。就水库而言，只有管理人员的合理调度，才能起到防洪的作用。否则，一旦调度失误，工程失事，会造成比天然灾害更严重的灾害。但有了防洪工程，即使对防洪工程进行了科学的管理，也并不能百分之百地控制洪水。因为洪水是一种天然灾害，这种灾害的发生具有随机性，稀遇特大洪水总是要发生的。因此，即使把防洪工程修建得很大，也不能完全避免洪水的发生。况且，兴建防洪工程有经济比较问题，工程规模愈大，需要的投资愈多。因此，经济上的限制，又不可能把防洪工程修建得很大。在这种矛盾面前，为了达到以尽量少的投入去减少洪灾损失的目的，人们又提出了允许洪水适当淹没的非工程防洪措施。

(二) 非工程防洪措施

1. 非工程防洪措施的概念、目的和特点

非工程防洪措施是近几十年来逐步发展起来的一项防洪对策。1966 年美国国会在一个论述洪水灾害的文件中正式使用非工程措施（Nonstructural measures）这个名词，以后这一述语逐渐流传到世界各地。

非工程措施是与工程措施相对立而提出的，是指不修（或少修）防洪工程，采取其他减轻洪灾损失的措施。如分、滞洪区管理，土地利用调整，预警和预报系统，防洪立法与防洪保险等措施。根据洪水特性和自然条件，采取非工程措施的防洪策略，其目的是减少洪水损失，利用较少的投入，达到较大的收效。

非工程措施与工程措施相比，具有以下特点：

1）非工程措施的防洪政策是尊重自然、适应自然，而不是改变自然。即不去专门控制洪水，利用洪泛区的滞洪、蓄洪（或行洪）来削减洪峰，从而保护大面积或经济重地的防洪安全。

2）非工程措施涉及立法、行政、管理、经济及技术等各方面，在很大程度上是立法与管理问题。有赖于各有关部门和地区的密切合作，才能实施。

3）通常非工程措施比工程措施费用低而效益大。

2. 非工程防洪措施的内容

经过许多国家的研究和实践，非工程措施的内容越来越丰富，主要包括：

1）对洪泛区土地利用进行管理，限制洪泛区的基本建设，通过制定合理的开发政策和税收政策，限制洪泛区修建新的工厂企业，对已有的工厂企业也要采取措施，限制其发展，逐步缩小其生产规模；不准在行洪区种植高秆作物，并坚决清除行洪道中的阻水道路、渠道和其他建筑物，给洪水留一定退路。

2）实行强制性洪水保险制度。洪水保险是社会保险的一种，与其他自然灾害保险一样，具有社会互助救济性质。实行强制性洪水保险，是强制被保险人按照固定资产、耐用物品、耕地面积等数额交纳一定比例的保险费。这样做是非常有效的，一是可以减轻国家的洪灾救济费，形成一种自组织，自补救的系统；二是能及时给灾区以赔偿，使灾区人民尽快恢复生产，有利于社会安定团结；三是在一定程度上起到了限制洪泛区发展的作用。

3）完善洪水预报和警报系统，提出最优的紧急撤退计划。这项工作很重要，如果能准确预报洪水的话，及时组织群众安全撤离灾区，有计划地转移物资，洪灾损失会大大降低。这是一个投资少而收益大的方法，这种方法要求地方政府大力协作，广泛宣传，组织群众撤离演习，让大家熟悉撤退路线，了解组织行动常识，提高应变能力，一旦发生洪水，就能及时撤到安全地带。这项工作在国外许多国家如美、英、日本和印度等国都早已开展，在较大的江河上都建立了洪水预报警报系统，对防汛、抗洪和居民撤退疏散起了很好的作用。

4）对洪泛区内建筑物采取加固防水措施，并因地制宜地修建耐淹楼房。建筑物加固防水措施包括临时性和永久性各种措施，如防渗、封堵、锚固、耐淹等，可因地制宜，进行技术经济分析后确定。

3. 实施非工程措施需要研究解决的具体问题

(1) 编制洪泛区风险图　对某一洪泛区而言，不同频率的洪水的危害程度（淹没范围、淹没历时及淹没水深）是不同的。反过来说就是，洪泛区内不同地域所遭受洪水危害的风险程度是不同的，对于地势较低的主洪道其危害最大，而对于地势较高的地区则危害较小。为有效地实施非工程防洪措施，编制洪泛区风险图是需要研究解决的具体问题。

所谓洪泛区风险图，是标示洪泛区内各处受洪水危害程度的地图。在洪泛区风险图中，标出了整个洪泛区内某一频率洪水的重灾区、极危险区、危险重灾区、轻灾区、安全区等区域。编制风险图可利用如下几种方法：

1）历史洪水调查法。这种方法首先需要确定历史洪水的发生频率，调查洪水淹没的范围，不同区域的淹没程度（淹没水深及历时），依据地形图及调查结果，绘出洪泛区风险图。这种方法难以描绘洪水的全过程，对历史洪水的调查其可靠程度也难以保证。

2）洪泛区水力学模型试验法。这种方法的最大优点是可以直观地反映洪水的动态演进过程，但由于洪泛区规模较大，相对水源较浅，若用正态模型则模型水深极浅，用变态模型则糙率的模拟也会有许多问题。尽管人们较容易相信模型试验的结果，但其中包含着许多不确定的因素。而且进行水力学模型试验，一般来说费用较大，周期较长。

3）水文水利计算法。这种方法的基本思路是依据某频率洪水的洪峰流量的大小，自上而下确定河流各横断面的水面线，进而求得洪泛区的淹没范围。这种方法难以反映洪水的动态演进过程，因而难以确定某次洪水的淹没历时。

4）洪泛区洪水过程数值模拟法。这种方法是随着大容量计算机的发展而发展起来的，其基本思路是依据一维恒定流或二维不恒定流基本理论，利用数值解析方法借助计算机计算洪水灾害的规模，并用计算机模拟洪水的动态演进过程，显示洪水形成灾害的过程。这种方法近年来得到了迅速的发展，例如在永定河、辽河等泛区得到了应用，绘出了泛区风险图。

依据风险图可以合理地实施防洪保险措施（如受灾频数与程度不同的地区，其洪水保险的费率也不同），制定洪泛区土地开发利用计划，确定一旦泛区发生洪水灾害时居民的撤退方向和避难目标。

(2) 抓紧立法工作　立法是我国防洪政策中的薄弱环节，要抓紧研究解决。通过法律来解决我国长期存在的行洪河道滩地上的生产堤、渠道、道路、涵闸、房屋、芦苇等阻水障碍，蓄洪湖泊盲目围垦和盲目发展生产等问题，并对行、蓄洪区的工农业生产实行严格管理，从立法方面限制洪泛区的经济发展。

三、防洪规划

对某一洪泛区实施防洪措施以前，要做防洪规划。首先依据防洪保护区的政治、军事、社会、经济等多方面的要求来确定合适的防洪标准，然后考虑到投资、效益、风险等因素选择单一的防洪措施或者最优组合的多种防洪措施。

(一) 防洪标准的制定

防洪标准是指水利水电工程及其防护对象所要求的防御洪水级别高低的一种指标。防洪标准是工程设计的一项重要依据，目前在我国正式颁发试行的防洪标准规范主要有以下两个：《水利水电工程水利动能设计规范》和 SDJ 12—78《水利水电枢纽工程等级划分及设计标准》。

防洪标准一直是国内外长期争论尚未得到很好解决的一个重要问题。在我国，1975 年 8 月淮河遭遇特大洪水后，普遍提高了防洪标准。近几年来，曾有不少研究人员对此提出了不同意见，认为合理选择防洪标准的指导思想应有以下几点。

1）通过适当承担风险来协调高标准与投资效益的矛盾。洪水灾害是不可能按人的意志完全控制的，超过一定标准的洪水，就存在着不可抗御的严酷的现实，就是说防洪保护区在客观上总是有风险存在的。只是风险的大小不同而已。因此，在拟定防洪标准时，要抓住自然现象的本质，不能过分地强调绝对安全，通过适当承担风险来提高投资的经济效益，即应从经济效益最高这一原则来选定防洪标准。而对承担的风险应有足够的重视，一旦风险出现，应有合理的非工程应急措施。

2）不能只注重工程措施，应适当考虑非工程措施。完整的防洪体系应当包括两个方面：工程措施和非工程措施。只有全面地综合地采取这两种措施，才能把洪水损失减少到最低的程度。因此，合理的防洪标准应当在工程措施与非工程措施的最优组合条件下确定。

（二）防洪措施的最优组合

达到防洪目的可采用一种措施，也可采用多种措施，原则上应以总费用最小为标准，选择几种可行措施的最优组合。这里的总费用是指工程措施和非工程措施的费用、土地限制利用在经济上的损失，以及超控洪水的泛滥所造成的损失之和。对每一防洪标准，先分别求出工程措施的最优组合与非工程措施的最优组合，然后再求两者的最优组合。

四、防洪调度

在包括工程措施和非工程措施在内的较为完善的防洪体系建成后，如何合理地调度运用工程措施以及如何有效地实施非工程措施，是防洪工程的管理运行期间能否充分发挥防洪体系作用的关键所在。为了充分发挥蓄水工程（如水库）的防洪作用和确保工程安全，每一个蓄水工程都应当根据上下游及工程本身的防洪要求、自然条件、洪水特性、工程情况等，拟定合理的防洪调度方式。下面以水库工程为例，来简述防洪工程调度的基本原理。

（一）保护水库下游防洪安全的调度方式

（1）固定泄量调度　当来水标准不超过下游防洪标准时，按下游允许泄量或分级允许泄量泄水。这种调度方式主要适用于水库距防洪保护区很近，区间入流较小的情况。

（2）补偿调度　水库下泄流量与区间入流有机配合，当区间入流洪水大时，水库少泄流；区间入流洪水小时，水库多泄流，使两者之和不超过防洪保护区的允许泄量。这种调度方式适用于水库距防洪保护区有一定距离，区间入流洪水较大、且有预报的情况。

（二）确保水库大坝安全的调度方式

当水库承担有下游防洪任务时，在防洪调度中当来水不超过下游防洪标准时，应保证下游防洪安全。当水库超过下游防洪标准后，且在大坝设计标准、校核标准范围内，应确保大坝安全。因此，在防洪调度中首先要判别在什么情况下应保下游，什么情况下应保大坝，又在什么情况下需要启用非常溢洪道。

在一般情况下，当水库具有一定的调洪能力时，以高于设计标准或校核标准的水库水位作为启用非常设施的判别条件，对于调洪能力不大，洪峰与洪量有一定相关关系的水库，也可以考虑按入库流量及库水位相结合来作为判别条件。通过对判别条件的判别，发现来水已超过启用非常设施标准，此时应及时采取报警措施，使下游地区的居民及时撤到安全地区，并尽可能多地转移物资，将洪灾损失减少到最低程度。在留有一定的报警及撤离时间后，采用非常溢洪道泄洪，一方面可保住水库水坝的安全，另一方面通过非工程防洪措施使水库下游的损失减少到最低程度。这种将工程措施与非工程措施有机结合的调度方式，是防洪保护区提高防洪投资效益、减少洪水损失的最为有效的措施之一。

第三节　涝渍危害及其防治

一、涝渍危害

涝渍危害主要是指降水过多排水不畅，导致农田水分过多，造成农作物减产或绝产。农田水分过多，表现为两种形式：一种是由于农田表面积水过深及积水时间过长，超过作物的耐淹水深及耐涝历时，使农作物减产或绝产，通常称为涝灾；另一种是地下水位过高，作物根系层土壤水分饱和，超过了作物的耐渍时间，影响作物正常生长而减产，一般称为渍害。在我国华北、东北和西北等地下水矿化度较高的地区，在发生渍害的同时，又会引起土壤盐碱化。因此，在这些地区进行治涝工程时，要治涝、治渍和治理盐碱化相结合，既要排除地表积水，又要控制土壤含水量，降低地下水位。

二、治涝措施

要减免涝渍灾害，必须从实际出发，从调查研究入手，根据作物排水要求，分别考虑不同的治理措施。

（1）在受洪涝双重威胁的地区，必须洪涝兼治，防治结合。防洪是治涝的前提，排水则是治涝的基础。应尽可能采取自排方式排除地表涝水和降低地下水位。通常可采取拓宽、疏浚原有河道和开辟新的排水渠道等措施，增加排水出路。对排水不畅、以抽排为主的地区，应考虑预降水位，留出一定的蓄涝容积来削减排涝洪峰，减少排涝站的费用。

（2）对傍山圩区，可开挖撇洪道或截流沟，把山丘区坡面水直接撇入外河，不使它侵入圩区，做到高水高排，低水低排。

（3）受外河水位顶托或潮汐影响的涝区，可修筑堤防及修建挡潮闸或排水闸来抢排涝水。在外河水位高于涝区地区的低洼地区或圩区，则应建造机电排水站进行抽排。

（4）北方干旱和半干旱地区可采用灌排结合的竖井排水等方式。在土壤盐碱威胁的地区，也可采用引水漫灌、深沟排水方式压排盐碱，降低地下水位。同时，也可结合园田化，改种耐淹耐碱作物等措施综合治理盐碱化。

三、治涝设计标准

在确定各种治涝措施的工程规模时，要求通过水文计算提供指定频率下的排水模数，即单位面积上的排水流量，作为设计的依据。例如平原地区开挖排水渠道，开挖的断面应多大，圩区兴建排水站，应采用多大装机容量等，都必须根据这个排水模数作为治涝设计标准。标准过高，规模过大，会造成浪费；标准过低，规模过小，还会造成一定的涝灾损失。所以，要合理地确定治涝标准。

目前选择治涝标准有以下三种方法：

（1）同频率法，即田间工程的干、支沟和骨干河道采用相同的设计标准，此法和实际情况常不符合。实际情况是骨干河道水未满槽，而局部地区已积水成灾。

（2）干小支大法　即骨干河道治理标准比干、支沟治理标准低，如过去淮河和沂沭泗地区治涝常采用干三支五法，即骨干河道按 3 年一遇标准治理，干、支沟和面上的小沟按 5 年一遇标准治理。

（3）实际年型法　即按某一个实际年型的降雨分布来治理河道，降雨量大的地区治理标准高，降雨量小的地区治理标准低。由于降雨的分布具有很大的随机性，因此，按此法进行治理是不太合理。

目前治涝工程多采用同频率法进行治理，一般采用 3～5 年一遇的 3 日（或 7 日、15 日，甚至 30 日）暴雨，也有采用 10 年一遇，甚至 20 年一遇的。也有的地区采用实际年型法，根据某一大涝年份的暴雨算出排水模数作为治涝设计标准。合理的治涝标准，应进行经济分析比较后确定。一般分析结果认为，治涝标准采用 3～5 年一遇经济效果最好，10 年一遇次之，20 年一遇就很差。但在农业生产水平较高的地区，治涝标准就可以高一些。

第四节　泥沙危害及其防治

一、泥沙来源及危害

天然河流中常常挟带着大量的泥沙，河流中的泥沙主要是流域表面的土壤受暴雨或融雪冲刷后，汇入河流而形成。河槽本身的冲刷，包括河底冲刷和河岸冲刷，也是河流泥沙的一个来源。此外，风沙的沉积会使河流的含沙量增加，不过这部分河沙所占比重很小。

影响河流挟沙的因素很多，综合起来有两个：一是气候因素；二是下垫面因素。气候因素中影响最大的是降水。干旱地区植被较差，土壤含水量不足，使土壤变得松散，很容易被地面径流冲到河中。降水强度的大小对河流挟沙也有影响。降水强度大，地面径流增加，侵蚀加剧，使泥沙增多。下垫面因素，如土壤、植被和地形等的差异，都会影响河流泥沙含量的多少。

我国北方有许多含沙量较高的多沙河流，如黄河及其许多支流。由于这些河流流经黄土高原地区，气候干旱，植被很差，夏秋季节暴雨集中，故水土流失严重。对于这些河流，由于泥沙淤积而引起的工程问题是十分突出的。

1）在河流上修建水库，当水流挟带的泥沙进入库区后，因流速降低泥沙就慢慢沉积下来，淤积库底，减少有效库容，缩短水库寿命。如三门峡水库，由于原计划对黄河泥沙认识不足，对泥沙的控制排泄注意不够，拦洪蓄水后库区淤积迅速发展，4 年竟达 33.95 亿 m^3，占原总库容的 61.2%，以致不得不停蓄改建。青铜峡水库 1967 年建成蓄水运行后，由于初期运行不善，4 年间库容曾减少 86.9%。宁夏回族自治区自 1958～1975 年间建成的大中型水库，有 30%～70% 的库容已被泥沙淤积。水库有效库容的大量损失。导致水库防洪标准降低，保证供水量减少，使水库的综合利用效益逐年下降。另外，水库的淤积常引起水库末端淹没、侵没面积的扩大。

2）引河水灌溉时，同时也引进泥沙，这些泥沙淤塞了灌溉渠系，影响农业生产。

3）利用多沙水流发电，加剧了泥沙对水轮机和泄流设备的磨损，堵塞了拦污栅。

4）利用天然河道来发展航运时，需要考虑河槽中深槽和浅滩的冲刷及淤积问题。

5）多沙河流中下游地区泥沙的淤积降低了江河的泄洪能力，需不断加高加固防洪堤。如黄河由于泥沙淤积而成为“悬河”，大大增加了防洪工程的费用。

二、防止泥沙危害的措施

泥沙危害主要发生在多沙河流的中下游地区，河流中的泥沙主要是上游地区的水土流失所致。因此，在上游地区防止水土流失是防止泥沙危害的根本性措施。另外，在中下游地区采用合适的水库运用方式，也是减少泥沙危害的有效措施。

(1) 农林牧措施　指水土流失较为严重的地区通过植树造林、栽种牧草、禁止开荒或坡地改梯田等形式，来增加植被，减少水土流失的措施。

(2) 水利工程措施　指在流域内修建谷坊、塘、堰、小水库等工程来减少水土流失的措施。

(3) 多沙河流水库调度措施　多沙河流水库的运用，既要满足蓄水兴利要求，又要控制泥沙淤积，保持水库长期使用。

根据库容情况和水沙特性，所采用的水库运用方式有以下几种。

1）蓄清排浑作用。汛期洪水含沙特点是：汛初的洪水含沙量高，汛末洪水含沙低。利用这一特点可把峰前含沙高的水排出库外，洪峰过后抓紧时机及时蓄水，以便兴利之用。这种方式一般适用于中小型水库，对于泥沙量相对较大、库容相对较小（季调节以下）的大型水库，如三门峡、青铜峡水库也是适用的。

2）拦洪蓄水运用。适用于一些兴利任务很大、水源不足、需要常年维持较高水位的和库容相对较大、泥沙相对较少的大中型综合利用水库，如刘家峡水库等。这类水库多为年调节或多年调节水库，由于需要常年蓄水，采用蓄清排浑方式就有一定困难，可采用壅水明流排沙和异重流排沙。壅水明流排沙主要适用于黄河流域。由于河流的进库泥沙颗粒细，在库区壅水段内沉降需一定时间，因此在壅水条件下仍可能有部分细沙排出库外，异重流的形成需有一定的条件，为了充分利用异重流排沙，设置深泄水孔，并准确预报异重流形成和到达坝前的时间，以便及时开闸。

上述两种水库运用方式的选择，应根据水库承担的任务和来水来沙条件等因素，综合比较决定。陕西水科所从减少库容损失的角度出发提出粗略的判别式，即用库容和年沙量的比值 K = 库容/年沙量作为选择指标。$K<20$ 的水库，一般应采用“蓄清排浑”方式，否则库容损失太快；K 值较大的水库，可考虑蓄洪运用。

第八章　水　　法

第一节　概　　述

一、我国水法的发展

《中华人民共和国水法》已由中华人民共和国第六届全国人民代表大会常务委员会第24次会议于1988年1月21日通过，中华人民共和国主席令第六十一号公布，自1988年7月1日起施行。

制定《水法》，依法治水，是国民经济建设发展的需要，也是人民生活的需要。《水法》的颁布，标志着我国在开发利用水资源和防治水害方面走上了依法治水的新阶段。

历史上我国是以农立国，历代统治者都非常重视农业，农田水利管理也具有相当水平，形成了一整套具有我国文化传统的水利管理办法。

（1）春秋战国时期　春秋齐相管仲著作《管子·度地》对水利管理有较具体的论述，其中包括水利行政机构、水利官员的职责、施工队伍的组织以及奖惩等内容。

（2）封建社会时期　唐朝是封建社会中的一个重要时期，政权相对稳定，因之遗留下来的史料也较多。唐朝的法律有律、令、格、式四种。“凡律以正刑定罪，令以设范立制，格以禁违正邪，式以轨物程事”。文献有《唐六典》、《唐律疏义》、《水部式》等，从这些文献中可以看出当时的水利立法情况已具有相当水平。

（3）民国时期

1）《民法》于民国33年公布，其中第七十五条：“由高地自然流至之水，低地所有人不得妨碍”。

2）《河川法》于民国19年1月由行政院公布，共六章二十九条，分总纲、管理、河川使用限制、防卫、河川经费及土地之征用、惩奖、附则等。

3）《水利法》于民国31年7月7日国民政府公布，民国32年4月1日施行，共九章七十一条。

4）《水利法》施行细则于民国32年3月22日行政院公布。

5）《水权登记规则》于民国32年7月19日由水利委员会公布。

此外，尚有《灌溉事业管理养护规则》、《各项水利主管机关评议委员会组织规程》、《各省小型农田水利工程督导兴修办法》、《兴办水利事业奖励条件》、《奖励助民营水力工业办法》等法规条例。

（4）新中国时期　由于国民经济的发展，城市人口的增长和人民生活水平的提高，水资源管理已成为我国国民经济和社会发展的重要问题。对此，历届全国人大代表提出过不少提案，社会各界也多次呼吁，要求国家尽快制定水法，依法治水。经过多年工作，在此形势下于1988年1月诞生了《中华人民共和国水法》，颁布几年以来，各地已取得了不少好经验，也出现了很多好典型。

二、制定《水法》的目的和意义

由于我国水资源分布不均匀的特点，造成我国历史上水旱灾害极为频繁，大旱之年赤地千里，洪水泛滥汪洋一片。因此，历代王朝都重视治水，把它作为治国安邦之大事。大禹治水的传说，正反映了我国治水历史十分悠久。新中国建国初期，党和政府非常重视治水，领导全国人民开展了大规模的水利建设，战胜了长江、黄河、海河、淮河、珠江、松花江、辽河等大江大河的多次洪水，保障了人民生命财产的安全和国民经济的发展。在治水过程的同时，也发现了一些新的问题和新的矛盾，要解决这些问题和矛盾，需要有法律根据，因之制定水法，依法治水的任务必然成为应迫切解决的问题。

1）全国有将近十分之一国土面积处于江河洪水位之下，如湖北荆江地区、江苏里下河地区、黄河大堤两岸以及我国东南沿海地区等。这些地区人口密集，约占全国的一半；工农业较发达，产值近全国的70%，如果一旦堤防决口，损失将十分严重。建国以来对我国主要江河进行了治理，防洪能力大有提高，但洪水威胁仍然存在，洪水灾害仍是我国心腹之患。

2）水资源供需矛盾更加突出，全国236个大中城市中，80%的城市缺水，其中有40个城市严重缺水；另一方面，水的浪费又很严重。农业用水的利用率很低，约30%～40%；城市工业用水的重复利用率仅达30%；水污染严重，由于水源不足而引起的水事纠纷经常发生。

3）建国初期全国农田灌溉面积为2.4亿亩，到80年代发展到7.2亿亩，水利灌溉保证了农业的高产稳产。但由于前几年对水利地位和作用不够重视，加上水资投资大幅度下降，放松了农田水利工作。全国范围内大部分水利工程多在1958～1960年所谓“大跃进”时期建设的，土法上马，有些工程质量不高，加以后来资金不足，管理不善，丢盗严重，以至不少工程老化失修，近年来各方面建设又侵占了灌区的土地和水源，灌溉面积有下降趋势。

4）由于对客观规律认识不足，对水利综合利用考虑不够，在水利水电工程建设中，对通航、过木、过鱼考虑不周，曾出现影响航运、竹木流放、鱼类回流等问题，同时在保护生态环境、水、水域和水利工程管理和保护方面，也有许多亟待解决的问题。

为了妥善解决以上问题，国务院以及有关部门采取了许多措施，但从根本上解决水资源危机问题，必须运用法律手段，遵循科学规律，总结我国人民长期治水的成绩和经验，吸取国外先进经验，制定《水法》，作为各方共同遵循的准则；并以国家强制力为后盾，同各种浪费、污染、破坏水资源的现象作斗争，以实现共同的目标——合理开发利用和保护水资源，防治水害，充分发挥水资源的综合效益，以适应国民经济发展和人民生活不断提高的需要。因此，制定《水法》，依法治水，是一项非常重要和十分迫切的任务。

三、国外水法规简介

（一）美国水法

美国联邦政府早期的水法，主要着眼于发展内河航运和防洪，1824年国会批准的第一个水法是《河道和港口法》。19世纪后半期，国会通过一些法令，成为西部土地开发的政策基础。1902年通过著名的《垦殖法》，建立垦务局，联邦政府直接介入灌溉与开垦工作，开始了大规模水资源工程开发。1936年通过了第一个《防洪法》，1948年修改后成为第二个《防洪法》，其中增加了供水、灌溉等开发目标。同年，又批准了《水污染防治法》。60年代初，为了更有效地进行河流的综合规划与研究，以满足日益增长的对水的需求，1965年批准了《水资源规划法》，建立了水资源理事会，其目的在于综合与协调国家水土资源的保护，开发和利用。1974年水资源理事会颁发了一份重要的政府性文件，即《原则和标准》，其基本要求是水资源开发要按“国家经济发展”和“环境质量”两个国家目标进行评价。1983年又废弃《原则和标准》，另立《原理和指南》，环境质量不作为同等目标，而作为约束条件。联邦各州可根据本州具体情况制定有关水的法令，但不能与联邦政府法令相抵触。

（二）英国水法

英国早在1585年在朴茨茅斯制定了第一部《水法》。1930年颁布了《土地排水法》，以保护土地不受淹没；在湿地排水以改进农业生产条件，据此法建立了流域委员会，由于管理范围扩大，1948年以后改为水务局。英国政府对供水的统一管理始自1945年颁布的《水法》，1963年又颁布了《水资源法》，对所有取用水实行许可证制度和收费制度。由此，河流管理局可以全面控制新水源工程的开发。1973年通过的新《水法》在供水和污水处理方面有较大的改变，管理体制也实行了重大改组，法律授予水管部门执法的权力，有权威地实行水资源的综合管理。

（三）印度水法

印度在英国殖民地时期，制定了一些水法，如1873年的《印度渠道排水法》，1879年的《孟买灌溉法》，这些水法延续至今仍然有效。由于气候、降雨和水资源利用条件的差异，印度各邦根据本地区情况，多年来制定了许多不同的有关水的法规。印度独立后，于1956年制定了《邦际水利纠纷法》，共有13项条款，适用于全印度，主要目的是解决邦际水利纠纷。此外，1957年通过了《河道管理局法》，这是一个为整治和开发邦际河流而制定的法律，规定印度中央政府有权就跨邦河流及其区城河流的规划开发提出意见，以防止各邦间的水利纠纷。1974年通过了《防治水污染法》，1974年又通过了《水污染征税法》。

（四）日本水法

日本古代水法曾采用中国唐代的《水律》。明治维新以后，日本形成了中央集权国家，对河川实行统一管理。1896年制定了《河川法》，是日本的主要水法。其后，又制定了与水有关的砂防法和森林法。二次世界大战后的60年代，由于日本经济高速发展，对水的需求和环境质量要求日益增加，于1964年制定了新的《河川法》，共七章一百零九条，内容对河川管理、开发和利用各方面，都有具体规定，便于执行，并根据执行中出现问题不断修订，从1970～1985年的15年中，对《河川法》修订过8次。《河川法》是日本的主要的总水法规，在第一条中明确规定：“本法目的是为对河流进行综合治理，防止河流由于洪水、涨潮造成的灾害，适当地利用河流并保持水流正常状况，从而有益国土的保护与开发，确保社会安定并增进公共福利事业”。

除《河川法》而外，日本还制定了：《特定多目标坝法》（1957），《水源地区特别措施法》（1973），《水资源开发促进法》（1961），《水污染防治法》（1970）等。

（五）前苏联水法

前苏联于1970年制定了《全苏和各加盟共和国水立法纲要》。有关水法和各加盟共和国水法均以本纲要为基础制定的。在纲要前言中阐明。水资源实现了国有化，苏联的各种水体，包括地面水、地下水、冰川和海域构成了国家全部水资源。在纲要第一章总则中确定了水立法的任务，即确保合理用水，保护水不受污染、淤塞和枯竭，防止和消除水灾，改善水体状况和各用水部门之间的关系。《水立法纲要》包括五章四十六条，其内容包括：居民用水和农业、工业用水以及污废水排放监督，水资源保护和水灾防治，国家供水计划和用水统计和违反水法的责任。苏联于1980年还发布了关于违反水利法行政责任的命令，对不遵守用水法，私订合同、直接或间接违反水资源国有制法律；擅自侵占水利设施或擅自用水，污染水源；不执行蓄水区的水资源保护条例，引起水污染、水土流失和其他有害现象；损害水利工程和水利设备，都应对个人和负责人给予处罚。

第二节　《水法》的基本内容

《水法》共七章五十三条，其基本内容有以下五个方面。

一、关于水资源的开发利用

水资源的开发利用必须全面规划，统筹兼顾。开发水资源和防治水害，关系到国民经济各个方面和全国人民利益的大事，必须依靠各方面的力量来办好。《水法》规定："国家鼓励和支持开发利用水资源和防治水害的各项事业"，"国家保护依法开发利用水资源的单位和个人的合法权益"。此即表明国家从法律上给予鼓励、支持和保护，调动各地区、各行业和人民群众兴办水利事业的积极性。

开发利用水资源和防治水害，涉及部门和方面很广，如上下游、左右岸各地区之间关系，防洪、治涝、灌溉、水力发电、城镇生活和工业供水、航运、水产养殖、水土保持以及生态、环境各开发目标之间的关系，它们之间联系紧密，互为影响，相互依存。处理这些水事关系时，既要注重这个系统总体合理性，也要考虑各系统间相互协调，共同发展。因此，《水法》规定："开发利用水资源，应当服从防洪的总体安排，实行兴利与除害相结合的原则，兼顾上下游、左右岸和地区之间的利益，充分发挥水资源的综合效益"。同时对综合利用和各项开发目标，分别作了相应的规定，如："开发利用水资源，应当首先满足城乡居民生活用水，统筹兼顾农业、工业用水和航运需要"。"各地区应当根据水土资源条件，发展灌溉、排水和水土保持事业，促进农业稳产、高产"。"国家鼓励开发利用水能资源，在水能资源丰富的河流，应当有计划地进行多目标梯级开发"。"建设水力发电站，应当保护生态环境，兼顾防洪、供水、灌溉、航运、竹木流放和渔业等方面的需要"。"国家保护和鼓励开发水运资源。在通航或者竹木流放的河流上修建永久性拦河闸坝，建设单位必须同时修建过船、过木设施，或者经国务院授权的部门批准采取其他补救措施……"。在鱼、虾、蟹回游通道修建拦河闸坝，对渔业资源有严重影响的，建设单位应当修建过鱼设施或者采取其他补救措施。

对保护生态环境和由于兴建水工程需要移民、安置等问题，也作了原则规定。

在开发利用水资源的过程中，各地区、各综合利用事业之间，既存在共同利益和要求，也存在一定矛盾，《水法》把协调它们之间的利益和要求，趋利避害，作为重要内容，规定了“全面规划、统筹兼顾、综合利用、讲求效益、发挥水资源的多种功能”的指导原则。认真执行这些规定，对于从宏观指导到具体措施上落实水资源的综合利用，合理协调各方面的利益和要求，使水资源更好地为国民经济全面服务。

二、关于水、水域和水工程的保护

保护水、水域和水工程，是合理开发利用水资源和防治水害的重要保障。

保护水，首先要改变水是“取之不尽、用之不竭”的传统观念，树立水是有限的、宝贵的、不可取代的自然资源，认识水源枯竭和水污染的危害性。当前我国水污染是十分严重，全国工业废水和生活污水的总排放量近400亿t，其中约80%未经处理。水污染不仅危害人民身体健康，造成严重经济损失，破坏生态环境，还加剧了水的供需矛盾。防止水源枯竭，要保护自然植被，加强水土保持，涵养水源。避免流域内森林植被大量破坏，导致水文条件恶化。要避免连年超采地下水，导致水源枯竭，地面沉降，海水入侵。

水域保护方面，主要矛盾是工农业生产和城镇建设与水争地，盲目围垦湖泊和河道设障阻水情况相当严重。例如，洞庭湖现有水面面积比建国初期减少40%，容积减少一半多，大大降低了调蓄洪水的能力。有些河道设障阻水情况严重，致使河床束窄，排洪能力降低。如辽河原有河床排洪能力为5000m^3/s，1984年洪水时仅为2000m^3/s，多处决口，损失严重。为此，《水法》针对这些问题，都作了比较全面的规定。

建国以来，我国兴建了大量的水利工程，这些设施对防治洪灾，保证农业稳定增长和社会各方面对水的需求，起了十分重要的作用。但近10多年来，一些地方水利工程设施损坏、破坏和被盗情况相当严重，危害工程的安全和正常运行。一些地方在水工程附近爆破、采石、取土、打井等活动时有发生，未能制止。因此，必须运用法律手段，加强对水利工程设施的保护。为此，《水法》对于保护水工程和水库、堤防等有关设施，都规定了专门条文。

三、用水管理的规定

关于用水管理，关键是贯彻和体现《水法》中的“国家实行计划用水，厉行节约用水”这一指导思想和基本政策。目前我国年用水总量为4700亿m^3，按人口平均年用水量约490m^3，预测到本世纪末，全国年用水总量将增至7000亿m^3，水资源供需矛盾将更加突出，缺水范围进一步扩大。解决这个矛盾须靠开源和节流，而节流是根本措施。缺水地区可供开发的水资源已经很少，地下水严重超采地区，必须有计划地压缩开采量，逐步达到供采平衡，过度引用地表水地区，也要注意压缩用水，以免影响生态平衡。所以解决缺水问题的根本出路在于节流。现在北方和一些沿海缺水城市，推行节约用水成效很大。《水法》把“实行计划用水，厉行节约用水”作为用水管理的基本制度是非常必要的，也是非常现实的。

实行计划用水，厉行节约用水，《水法》规定了区域的水长期供求计划的法律地位，明确了计划的制定机关、审批机关以及必要的程序。这将提高用水管理的科学性和预见性。运用行政手段和经济手段加强用水管理，以便使有限的水资源得到永续利用，《水法》规定：“国家对直接从地下或者江河、湖泊取水的，实行取水许可制度。为家庭生活、畜禽饮用取水和其他少量取水的，不需要申请取水许可”。按照制度取水的单位，其权益将依法受到保护。由于我国各地水资源条件及社会经济发展水平差异很大，因此《水法》规定："实行取水许可制度的步骤、范围和办法，由国务院决定"。

实行计划用水是管理手段，厉行节约用水是管理目标。《水法》规定："各级人民政府应当加强对节约用水的管理。各单位应当采用节约用水的先进技术，降低水的消耗量，提高水的重复利用率"。在一些大中城市，如北京、天津、青岛、大连等城市，采取行政、法律、经济、技术等措施，取得了显著成效。山东、天津、山西、辽宁等省、市推行节水灌溉技术，取得了很好的节水效果。贯彻《水法》，就要坚决执行节水政策和措施。贯彻执行《水法》规定的"使用供水工程供应的水，应当按照规定向供水单位缴纳水费"。

"对城市中直接从地下取水的单位，征收水资源费；其他直接从地下或者江河、湖泊取水的，可以由省、自治区、直辖市人民政府决定征收水资源费。"贯彻执行有偿用水，是认真、有效管理水资源的十分重要措施。

四、防汛抗洪

防汛与抗洪是关系国民经济和人民生命财产安全的大事，是保障我国社会主义建设顺利进行的重要条件，意义十分重大。《水法》第五章对此作了专门规定："各级人民政府应当加强领导，采取措施，做好防汛抗洪工作。任何单位和个人，都有参加防汛抗洪的义务"。《水法》还规定了各级防汛指挥机构的职责和权限；防御洪水方案的制定和实施；上下游关系基本准则，以及有关分洪、滞洪措施的法律范围，这些规定的贯彻执行，使得我国的防汛抗洪工作走上制度化和规范化的轨道。

五、违法者必须承担法律责任

《水法》的法律责任分为三个方面，即民事责任、行政责任和刑事责任。《水法》规定了承担这三种责任的条件，还规定了行使处罚的机关，行政复议以及向人民法院起诉的程序等。

第三节　贯彻《水法》依法治水

一、《水法》的特点

我国《水法》的贯彻，标志着水利工作进入一个新的时期。《水法》具有以下几个特点。

(1) 注重效益　《水法》总则第一条表明，制定《水法》的宗旨是："为合理开发利用和保护水资源，防治水害，充分发挥水资源的综合效益，适应国民经济发展和人民生活的需要"，注重综合效益，实行全面服务，是新时期水利工作的目标，也将是水利系统承担的法律责任。

(2) 全面管理　《水法》明确提出对水、水域和水工程进行管理和保护的要求，这是充分发挥水工程的综合利用，使宝贵的水资源能永续利用的保证。资源管理与工程管理的结合，将促进水利建设与管理的变革，为水资源和水工程的综合开发和多种经营开辟新的前景。

(3) 协调各方　《水法》规定国家对水资源实行统一管理和分部门管理相结合的制度。这种管理体制，不仅有利于宏观上加强统一管理，也有利于调动各方面共同用好管好水资源的积极性。水利部门要大力做好协调工作，争取全社会的关心和支持，协调各方，办好水利。

（4）依法治水　《水法》从水的所有权到水的开发利用和管理保护作出了明确的规定，为科学治水、用水提供了法律保障。同时，《水法》还就科学考察、调查评价、流域规划、分配调度、工程建设、用水管理、防汛抗洪等各方面规定了工作原则和程序。因此，水利部门也应根据《水法》改进本身工作，努力建立规范化、制度化的工作程序。

总之，要把握贯彻实施《水法》的关键契机，在今后水利建设和管理工作中注重效益、全面管理、协调各方、依法治水，为我国的水资源科学管理工作做出贡献，为实现水利工作现代化奠定基础。

二、贯彻《水法》

《水法》自1988年7月1日颁布施行以来，全国各地学习、宣传和贯彻《水法》取得了初步成效。尤其我国北方各省、自治区在贯彻《水法》过程中，有许多好经验。

近年来，辽宁省各级水利部门在加强法制建设依法治水管水方面，重点抓了以下三方面工作。一是从立法工作入手，着重解决无法可依的问题。辽宁省水利电力厅针对河道管理混乱、设障严重、防洪标准下降问题，着手制定河道管理法规，走上了依法治河、管河的轨道。二是建立健全管理机构和执法机构，加强执法队伍建设。全省有50多个县成立了水利公安派出所，公安人员达200多人，部分大型水利工程管理单位也组建了公安队伍。三是加强法制宣传教育工作，组织广大群众学习《水法》，依法治水深入人心。

大连市水利部门在市政府领导下在贯彻《水法》方面做了大量工作。他们分析出在水利战线上存在的五大问题，即："二龙治水"、多头管水；乱挖河沙，河堤毁坏严重；水资源短缺，污染加剧；水利工程老化失修，人为破坏严重；水土流失加剧，生态环境遭到破坏等。经过分析，他们认识到水资源的开发利用以及保护和管理都没有真正走上依法治水的轨道。广大水利部门职工经过《水法》的学习、宣传和联系实际贯彻，目前出现了四个方面变化。一是强化了水行政管理机构，大连市水利局成立了农水处，加强了对全市农田水利工程的管理；防汛指挥部增加了编制；水政部门明确了职责，加强了力量。二是实现了水资源统一管理。三是推动河道清障，河沙管理。四是依法收费有了新起色。此外，他们还要加强水利执法队伍建设，逐步完善配套法规和地方法规体系。

青岛市即墨县水利局通过学习和贯彻《水法》，加强了水资源管理工作，从三个方面协调关系，一是协调工农关系，注重综合效益，他们改变过去只管农田灌溉用水而不管其他用水的作法，首先保证居民生活用水，也保证工业用水，农业用水应积极推广节水型灌溉；二是协调用水单位之间关系，实行统筹兼顾，保证重点；三是协调专业管理与各有关部门的关系。水利部门既要担任"主角"，又要与建委、环保、地质、经委、司法等部门密切联系，争取各方的配合与支持。

新疆维吾尔自治区喀什地区结合本地区实际情况，根据《水法》的精神研究和指导该区的水利建设和水资源开发、利用和管理工作问题。提出应实现由"民主管水"向"依法治水"和由"水利单纯为农业服务"向"水利向全社会服务"两个转移。并提出进一步完善各项水管理制度，通过立法手续使之具有地方性水法效力。他们认为应抓好以下工作：一是在各地区和各县水行政主管部门应设置水法专管机构；二是在《水法》以及自治区政府公布的《水管条例》指导下，对喀什地区各项水管制度进行充实和完善；三是加强对《水法》的学习和研究，制定出喀什地方性水法；使水资源的开发、利用和管理走上法制化轨道。

黑龙江省宾县在贯彻《水法》过程中，完善了与《水法》配套的地方法规，他们结合该县实际情况修改和制定了水资源管理、水资源收费、水利工程供水收费等规定和办法，并制定了四个水行政制法的规定，建立和充实了水政执行的组织。

安徽省安庆市在宣传、贯彻《水法》以来，扭转了以往所属长江河道管理工作中存在的权属不明、管理混乱的局面，便管理工作发生根本性的变化。其主要作法是：①大力开展《水法》和《河道管理条例》的宣传工作，作到家喻户晓；还在水利单位还进行了《水法》知识测验活动；②根据《水法》来协调理顺河道管理关系，选择了在长江河道上擅自挖沙问题为重点，进行治理；③为长江水资源的开发利用作好服务工作；④坚持作《水法》为准则，推动长江河道的清障工作；⑤在沿江岸线、护堤地进行有偿服务，增加管理收入，以利堤防、岸线的维护。

自《水法》颁布施行后，全国各地的水行政主管部门都在积极行动起来，学好用好《水法》，以《水法》为准则，进一步充实和完善其他法规和条例，以法治水管水，为社会主义建设服务。

主 要 参 考 资 料

1.《中国水资源评价》，水利电力部水文局，水利电力出版社，1987 年 12 月。
2.《水资源管理研讨班讲义汇编》，水利部水资源司，1990 年 1 月。
3.《中华人民共和国水法》，1988 年 7 月 1 日颁布施行。
4.《中华人民共和国水污染防治法》，1984 年 5 月 1 日颁布施行。
5.《国外水政策与水管理体制》，水利部水政司，水利电力科学技术情报研究所，1990 年 8 月。
6.《水资源统计资料汇录》，全国水资源合理利用与供需平衡技术小组，1985 年 4 月。
7.《华北地区水资源合理开发利用》，中国科学院地学部研讨会文集，水利电力出版社，1990 年。
8.《灾害与灾害经济》，中国城市经济社会出版社，1988 年 10 月。
9.《农田水利学》，武汉水利电力学院主编，水利出版社，1980 年。
10.《农田水利》，李永善、陈珍平编，水利电力出版社，1985 年。
11.《城市给水排水》（第二版），姚雨霖等编，中国建筑工业出版社，1986 年。
12.《中国农村给水工程给水设计手册》，中央爱国卫生运动委员会办公室主编，农村读物出版社，1988 年。
13.《水利计算》，叶秉如主编，水利电力出版社，1985 年 5 月。
14.《水资源工程系统分析》，方东润编，水利电力出版社，1990 年 6 月。
15.《水资源科学分配》，[美] 伯拉斯著，戴国瑞等译，水利电力出版社，1985 年 5 月。
16.《鱼道》，南京水利科学研究所等编，电力工业出版社，1982 年。
17.《水资源保护》，水利电力出版社，1986 年。
18.《综合利用水资源，重视发展旅游业》，胡玉原，《水利规划研究》1987 年 2～3 期。
19.《编制水利水电工程环境影响评价规范的体会》，段开甲，《水利水电环境》1989 年第 2 期。
20.《防洪标准和洪水保险之我见》，谢安周，《水利经济论文选集》，中国科技出版社，1990 年 11 月。
21.《一些国家的水资源开发利用》，水利电力部科学技术情报研究所，1983 年 2 月。
22.《2000 年一些国家水资源紧缺情况及节水对策》，水利电力部科学技术情报研究所，1986 年 9 月。
23.《地下水利用》，西北农学院、华北水利水电学院编，水利出版社，1981 年 2 月。
24.《水文地质学》，沈照理主编，科学出版社，1985 年 1 月。
25.《区域水资源分析计算方法》，黑龙江省水文总站主编，水利电力出版社，1987 年 2 月。
26.《黄淮海平原地下水人工补给》，田园、张原秀、孙雪峰主编，水利电力出版社，1990 年 10 月。
27.《工程水文学》，袁作新主编，水利电力出版社，1990 年 5 月。
28.《水资源管理》（讲义），河海大学管理工程系，1988 年 3 月。
29.《水资源管理》（讲义），北京水利电力经济管理学院，1991 年 7 月。